湖南省硬质合金产业和
轨道交通装备产业
专利导航

湖南省知识产权保护中心　组织编写

知识产权出版社
全国百佳图书出版单位
—北京—

图书在版编目（CIP）数据

湖南省硬质合金产业和轨道交通装备产业专利导航／湖南省知识产权保护中心组织编写.—北京：知识产权出版社，2024.9.— ISBN 978-7-5130-7533-6

Ⅰ.G306.72

中国国家版本馆CIP数据核字第2024PH2262号

内容提要

硬质合金产业和轨道交通装备产业是湖南省的两大重要产业，相关产品和技术在国内、国际居领先地位。本书基于两大产业的相关专利数据，对全球、主要国家和中国主要省份的专利现状、主要创新主体、产业发展方向、产业发展路径等进行系统分析，为产业结构调整、技术人才引进、核心成果转化等提供决策参考，助力提升两大产业在全国、全球产业链中的地位和影响力。

本书可供相关产业的主管部门、企事业知识产权从业者等参考。

责任编辑：安耀东　　　　　　　　　责任印制：孙婷婷

湖南省硬质合金产业和轨道交通装备产业专利导航

HUNAN SHENG YINGZHI HEJIN CHANYE HE GUIDAO JIAOTONG ZHUANGBEI CHANYE ZHUANLI DAOHANG

湖南省知识产权保护中心　组织编写

出版发行：	知识产权出版社有限责任公司	网　　址：	http://www.ipph.cn
电　　话：	010-82004826		http://www.laichushu.com
社　　址：	北京市海淀区气象路50号院	邮　　编：	100081
责编电话：	010-82000860转8534	责编邮箱：	laichushu@cnipr.com
发行电话：	010-82000860转8101	发行传真：	010-82000893
印　　刷：	北京中献拓方科技发展有限公司	经　　销：	新华书店、各大网上书店及相关专业书店
开　　本：	720mm×1000mm　1/16	印　　张：	12.5
版　　次：	2024年9月第1版	印　　次：	2024年9月第1次印刷
字　　数：	209千字	定　　价：	98.00元

ISBN 978-7-5130-7533-6

出版权专有　侵权必究

如有印装质量问题，本社负责调换。

编委会

主　编：郭科技
副主编：李　锋
编　委：赵　丽　聂　彤　朱静波　彭思思
　　　　　徐　显　江　柳　孔琪颖　肖坤立

序 言

为深入贯彻落实党的二十大精神和习近平总书记关于加快构建现代化产业体系的重要讲话精神，湖南省委省政府科学谋划湖南现代化产业体系重点方向和时空布局，着力推进产业链延链补链强链，统筹推进产业链、创新链、资金链、人才链和政策链"五链融合"，努力提升湖南现代产业体系在全国乃至全球价值链中的地位。知识产权一头连着创新，一头连着市场，既是创新成果的保护网，更是新质生产力的催化剂。发挥知识产权，特别是专利在科技研发、技术转移、商业转化和利益分配全链条中的作用，能够有效提升产业链供应链的韧性和安全水平。

自2022年起，我们在湖南省知识产权战略推进专项项目中设立知识产权"强链护链"项目，截至目前共支持23家战略新兴优势产业及市州特色支柱产业链企业，开展专利导航、预警分析和执法维权行动，指导企业规避知识产权侵权风险，围绕关键核心技术做好国内及国际专利布局。其中，《株洲市轨道交通装备产业专利导航》获得国家知识产权局专利导航优秀成果。

湖南省委十二届五次全会提出深入推进"三个高地"标志性工程、构建现代化产业体系、实现高水平科技自立自强等重点工作，大力实施主体强身、创新提升等"八大行动"，给知识产权事业发展带来优势叠加、提质增效的机遇。我们将继续主动融入"国之大者""省之大计"，围绕湖南省"4×4"现代化产业体系，开展知识产权"强链护链"行动，为打造全国重要的先进制造业高地提供有力保障。

同时，也衷心希望更多的行业和市场主体关注和重视专利信息分析，掌握专利分析方法，加速推动我国技术创新水平和经济高质量发展，为努力实现中国式现代化作出知识产权新贡献。

湖南省市场监督管理局党组书记、局长
湖南省知识产权局局长

前　言

近年来，湖南省知识产权保护中心在湖南省知识产权局指导和安排下，开展了大量知识产权服务实体经济发展和科技自立自强工作，针对省内重要产业开展专利导航工作就是其中重要内容之一。开展专利导航工作，能够推动专利信息分析与产业运行决策深度融合、专利创造与产业创新能力高度匹配。

在湖南省，硬质合金产业和轨道交通装备产业是实力雄厚、影响重大的产业，深受省委省政府和辖区政府的高度重视。硬质合金产业方面，2019年湖南省硬质合金产量占全国的38.8%，占全球的17.6%。其中数控刀片占全国的69%，硬质合金辊环占全国45%，球齿类占全国37%，出口创汇占全国45.1%，硬质合金及其工具制造已成为湖南的特色产业，产业链拥有236家链上企业，产业链产值超过385亿元，产业规模位居亚洲第一、世界第三。目前，电子信息与通信、船舶、人工智能、航空航天、新能源等产业对硬质合金的高端需求高速增长，但国内硬质合金产品仍集中于产业中低端领域，原始创新能力稀缺，行业关键共性技术亟待突破，与现代高科技共性技术融合不足。湖南省轨道交通装备产业，主要分布在株洲市，具备集产品研发、生产制造、物流配送、售后服务于一体的全产业链，形成了以电力机车、铁路货车、城轨车辆、动车组等整车制造为主体，以核心部件、关键系统、铁路工程机械、运营维保系统等为重点的集约型产业体系，拥有为全球轨道交通用户提供全生命周期系统解决方案的能力。目前株洲市集聚了轨道交通装备产业企业300多家、先进轨道交通装备国家级制造业创新中心等创新平台100多个，是国内最大的轨道交通装备发展集聚区。但近年来，国际轨道交通设备市场竞争加剧，行业巨头兼并加快，国际行业巨头加快建设以核心企业为龙头的产业集聚区，并通过合资设厂、技术输出、联合体投标等方式不断进入并拓展我国市场。

为了解行业国际巨头布局情况和发展动向，明晰产业发展方向和路径，防范专利侵权风险，整合区域产业链资源，实现产业的整体培育和升级，我们开展了湖南省硬质合金产业和轨道交通装备产业分析，形成了本书。

本书的编写分工如下：湖南省知识产权保护中心主任郭科技承担了框架设计、书稿审核工作，并执笔完成了第1章、第5章的内容；副主任李锋执笔完成了第6章的内容，并承担了第6章至第10章的审稿工作；朱静波执笔完成了第2章和第9章第9.1、9.2节的内容；赵丽执笔完成了第3章的内容；聂彤执笔完成了第4章，第9章第9.4、9.5节的内容；江柳执笔完成了第7章7.1、第8章8.1节的内容；彭思思执笔完成了第7章7.2节和第8章8.2、8.3节的内容；徐显执笔完成了第7章7.3节的内容；孔琪颖执笔完成了第9章9.3节的内容；肖坤立执笔完成了第10章的内容；邓润林、陈卓负责了部分数据、图表的整理及文字校对等工作。

目 录

第1章 硬质合金产业市场概述 ·················· 1

    1.1 硬质合金产业概况 ·························· 1

    1.2 市场现状 ·································· 3

    1.3 硬质合金产业专利导航背景与意义 ·········· 6

    1.4 数据检索与分析处理 ······················ 7

第2章 硬质合金产业发展方向分析 ·············· 9

    2.1 全球硬质合金产业专利发展态势 ············ 9

    2.2 专利申请人情况分析 ···················· 23

    2.3 产业技术发展热门方向分析 ················ 27

    2.4 小 结 ···································· 34

第3章 湖南省硬质合金产业发展定位 ············ 37

    3.1 产业结构定位 ···························· 37

    3.2 产业技术定位 ···························· 41

    3.3 企业创新实力定位 ························ 47

    3.4 产学研合作情况 ·························· 52

    3.5 专利运营实力定位 ························ 55

    3.6 小 结 ···································· 56

第 4 章 区域硬质合金产业发展路径分析 ·········· 59

4.1 产业布局结构优化方向分析 ·········· 59
4.2 产业链创新主体培育及引进路径情况分析 ·········· 64

第 5 章 区域硬质合金产业发展路径导航建议 ·········· 77

5.1 硬质合金产业结构现状与分布特点 ·········· 77
5.2 硬质合金产业链创新主体情况与热点技术发展方向 ·········· 78
5.3 区域产业专利布局特点及优化方向建议 ·········· 80

第 6 章 轨道交通装备产业基本状况 ·········· 83

6.1 轨道交通装备产业概况 ·········· 83
6.2 国际市场现状 ·········· 84
6.3 国内市场现状 ·········· 85
6.4 机遇与挑战 ·········· 87
6.5 轨道交通装备产业专利导航背景与意义 ·········· 90

第 7 章 轨道交通装备产业全景分析 ·········· 91

7.1 轨道交通装备产业专利申请趋势分析 ·········· 91
7.2 产业链上中下游技术结构对比 ·········· 112
7.3 专利申请人分析 ·········· 120

第 8 章 轨道交通装备产业涉外技术布局分析 ·········· 131

8.1 国外专利申请人在华专利技术分布分析 ·········· 131
8.2 我国海外技术风险分析 ·········· 135
8.3 小 结 ·········· 137

第 9 章 湖南省轨道交通装备产业定位分析 ·········· 139

9.1 湖南省轨道交通装备产业结构定位 ·········· 139

9.2 湖南省轨道交通装备产业技术定位 ················· 144
9.3 省内轨道交通装备重点企业创新实力定位 ············· 161
9.4 主要省份产学研合作现状 ······················ 168
9.5 小　结 ································ 179

第10章　轨道交通装备产业路径规划建议 ················ 183

10.1 国内轨道交通装备产业整体发展建议 ··············· 183
10.2 湖南省轨道交通装备产业定位与建议 ··············· 184
10.3 湖南省轨道交通装备产业技术分支创新发展建议 ········ 185

附录　申请人归一化清单和简称对照表 ················· 186

第 1 章

硬质合金产业市场概述

1.1 硬质合金产业概况

1.1.1 硬质合金的定义

硬质合金是一种以微米级难熔金属化合物（碳化钨、碳化钛等）粉末为基体，并引入过渡族金属（钴、镍等）为烧结黏结相，通过调整材料体系配方、压制成型，并在一定保护气氛下经高温烧结等粉末冶金方法制备的一种合金材料。美国材料与实验协会将硬质合金定义为：由15%~85%（体积分数）的一种或多种陶瓷相组分与金属或合金在一定温度下相互溶解渗透而成的一种复合材料，这种复合材料常见的有碳化钨基和碳化钛基两大体系。日常生活中，通常所指的硬质合金是碳化钨基金属复合材料。该材料具有很高的硬度、强度、耐磨性和耐腐蚀性，被誉为"工业牙齿"，用于制造切削工具、钻具、板材和耐磨零部件等（如图1-1-1），广泛应用于军工、航天航空、机械加工、冶金、石油钻井、矿山工具、电子通信、建筑等领域。[1]

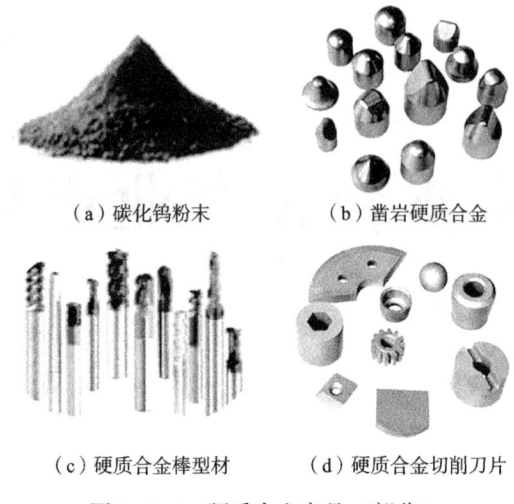

(a) 碳化钨粉末　　(b) 凿岩硬质合金

(c) 硬质合金棒型材　　(d) 硬质合金切削刀片

图 1-1-1　硬质合金产品（部分）

1.1.2　产业链分布

本书对硬质合金产业划定了研究边界。在硬质合金产业链中，上游（原料加工）为粉末、硬质合金制备以及涂层加工技术；中游（制造）为轧辊、切削刀片及刀具等矿用、切削和耐磨等领域硬质合金制品的生产；下游（应用）主要包括航天航空、风力发电、汽车制造等。具体如表 1-1-1 所示。

表 1-1-1　硬质合金产业链结构

一级技术分支	二级技术分支	备注
上游（原料加工）	粉末	碳化钨粉末
	硬质合金制备	碳化钨硬质合金的制备
	涂层加工	制备方法（如 PVD、CVD 等），涂层物质，复合涂层

---

[1] 李通,向杰,陈磊,等.川渝地区硬质合金生产现状与展望[J].四川冶金,2020,42(3):4-7.

续表

一级技术分支	二级技术分支	备注
中游（制造）	轧辊	用于钢铁成型、超硬材料合成
	切削刀片及刀具	用于航天航空、风力发电、汽车制造加工等领域
	硬质合金棒型材	用于加工刀具、钻孔
	硬质合金板材	用于成型、螺丝螺帽制造
	凿岩硬质合金	用于勘探采掘、矿石粉碎
下游（应用）	航天航空	
	风力发电	
	汽车制造	
	工程机械	
	勘探采掘	
	电子通信	
	军工	

1.2 市场现状

1.2.1 硬质合金行业发展历程

硬质合金的研究开发最早起源于西欧，可追溯到德国科学家为寻找高速钢的取代材料而对难熔化合物进行的研究。从 1893 年成功制备高熔点、高硬度的碳化钨开始，可将硬质合金的发展分为四个阶段。[1]

第一阶段：19 世纪末，德国科学家利用三氧化钨和糖高温制备碳化钨，这是硬质合金的开端。由于纯碳化钨材料脆性大、易开裂，一直未得

---

[1] 胡耀斌,庞前列,彭毅萍.我国硬质合金产业的发展现状及展望[J].超硬材料工程,2017,29(4):55-58.

到工业应用。

第二阶段：1923年，德国科学家卡尔·施勒特（Karl Schroter）将少量铁族金属与碳化钨混合后在氢气中高温烧结，制备出了韧性较好的材料，并研究出 WC-TiC-TaC-Co 等新型体系。该工艺的发明，标志着硬质合金产业化的开端。我国硬质合金产业起步较晚，1958年株洲硬质合金厂的建立标志着我国硬质合金行业走向产业化。

第三阶段：20世纪60年代末，德国 Krupp 公司采用化学沉积的方法率先成功开发了硬质合金涂层。该工艺的发明标志着硬质合金开始进入薄膜发展时代，这大大提升了资源利用和刀具的使用寿命，拓宽了应用领域，推动硬质合金的发展进入技术创新黄金期。随后，中、高温化学气相沉积、物理气相沉积以及等离子体化学气相沉积等先进技术陆续被开发出来。目前世界上在售的硬质合金刀具大约有一半运用涂层工艺。

第四阶段：20世纪90年代以后，硬质合金进入市场繁荣期，我国在此阶段成为第一大生产国，我国硬质合金的生产厂家有1.7万余家。❶ 在产品升级和技术创新方面，我国形成了以硬质合金国家重点实验室为代表的一大批高校/研究所和企业工程技术中心。

1.2.2 我国硬质合金行业市场现状

我国钨矿资源丰富，分布广泛而又相对集中。近年来在南岭成矿区、东秦岭成矿带、西秦岭-祁连山成矿带的钨和钨多金属成矿集中区里不断发现大型、超大型矿床。根据自然资源部数据，2022年全国钨矿查明资源储量为299.56万吨（WO_3含量）。❷ 随着我国硬质合金产量和质量的提升，近10年来我国硬质合金出口快速增长，数据显示，2021年我国硬质合金

---

❶ 华经产业研究院.2022年中国硬质合金行业企业洞析[EB/OL].（2023-03-28）[2023-07-28]. https://www.huaon.com/channel/library/enterprise/880191.html.

❷ 中华人民共和国自然资源部.2022年全国矿产资源储量统计表[EB/OL].（2023-06-16）[2023-07-28]. https://www.mnr.gov.cn/sj/sjfw/kc_19263/kczycltjb/202306/t20230616_2791726.html.

出口 3 190.3 吨，同比增长 32.96%。❶

我国的硬质合金产业始于 20 世纪 40 年代末，经过国家战略层面的大力支持以及几十年来行业的不断发展，我国硬质合金产业发生了巨大变化，综合实力大幅提升，国际竞争力显著增强，逐步形成了生产、研发、贸易一整套完整的产业体系。近年来随着经济的稳定增长，下游产业及国内外对于硬质合金的需求不断提升，我国硬质合金行业市场规模不断壮大。但是，硬质合金产学研一体化水平较低，研发投入较少，高端技术人才缺乏，硬质合金深加工的前沿技术和关键领域少有重大突破，原创性核心技术成果较少，导致我国硬质合金产品的技术、质量和档次等与国际先进企业仍存在较大的差距。我国硬质合金产业仍处于世界产业链的中低端。

目前，我国硬质合金市场需求主要集中在切削刀具、地质矿山工具领域。数据显示，2021 年我国硬质合金市场需求结构中，切削刀具占比最大，占比为 31.45%，其次为地质矿山工具，占比为 24.74%。但国内硬质合金品类产品以中低端为主，无法满足国内高端制造业的需求，高端硬质合金数控刀片等高技术含量、高附加值的硬质合金产品仍需从国外进口。根据海关总署发布的进出口数据，我国 2022 年硬质合金刀片进口额（41.24 亿元）是出口额（19.68 亿元）的约 2.1 倍，我国进口的"其他硬质合金制的金工机械用刀及片"的平均单价约为出口价格的 4.6 倍，国内企业深加工技术亟待提升。❷

为解决国内硬质合金行业产品深加工程度较低、高端硬质合金自给率不足的问题，近年来在一系列鼓励政策的支持下，我国硬质合金行业通过资源整合、优化重组，企业规模不断壮大，国产化替代进程不断加快，国内自给率不断上升，同时国内企业产品市场竞争力显著提升，出口比例大幅提高，良好的政策环境保证了行业内企业充足的发展空间。

---

❶ 华经产业研究院.2021 年中国硬质合金供需现状及发展机遇分析,上下游整合的趋势增强[EB/OL].（2022 - 05 - 18）[2023 - 07 - 28]. https://www.huaon.com/channel/trend/805657.html.

❷ 中国机床工具工业协会.2022 年刀具进出口海关数据分析[EB/OL].（2023 - 01 - 30）[2023 - 01 - 30]. http://www.cmtba.org.cn/level3.jsp? id = 5804.

1.3 硬质合金产业专利导航背景与意义

湖南省是硬质合金生产大省,且硬质合金产业集中在省内株洲市。经过多年的发展,造就了以株洲硬质合金集团有限公司(以下简称"株硬")为代表的一大批硬质合金产品生产企业。2019年湖南省硬质合金产量占全国的38.8%,全球的17.6%,其中数控刀片占全国的69%,硬质合金辊环占全国45%,球齿类占全国37%,出口创汇占全国45.1%。[1]硬质合金及其工具制造已成为湖南省的特色产业。

目前,株洲市拥有硬质合金产业链链上企业236家,硬质合金的产量在全国行业占比超四成,出口创汇占全行业近四成,海外订单销售收入稳居全国第一,产业链产值超过385亿元,产业规模位居亚洲第一,世界第三。[2]

2020年12月印发的《湖南省新型合金产业链三年行动计划(2021—2023年)》提出:"以超细碳化钨和数控刀片为重点发展方向,加快株硬超细碳化钨、高端硬质合金棒材,株洲钻石切削、株洲欧科亿高端数控刀片等项目的实施,推动硬质合金产业链向价值链高端延伸。"株洲市也在2021年制定的《株洲市轨道交通装备、先进硬质材料、陶瓷产业质量提升三年(2021—2023年)行动方案》中,将"先进硬质材料产品的高端市场占有率达6%以上"[3]作为工作目标。与此同时,在株洲市举办的第13届全国硬质合金学术会议上,行业顶尖专家与企业相关负责人提出,当下国内硬质合金发展的最大矛盾,是新能源汽车、电子信息与通信、船舶、

---

[1] 湖南省工业和信息化厅.湖南省新型合金产业链三年行动计划(2021—2023年)[EB/OL].(2020-12-30)[2023-07-28]. http://gxt.hunan.gov.cn/gxt/xxgk_71033/tzgg/202101/t20210111_14136987.html.

[2] 湖南先进制造业有过"硬"的追求|我和专家去调研[EB/OL].(2024-01-18)[2023-07-28]. https://hn.rednet.cn/content/646845/51/13454230.html.

[3] 株洲市人民政府办公室.株洲市轨道交通装备、先进硬质材料、陶瓷产业质量提升三年(2021—2023年)行动方案[EB/OL].(2021-07-28)[2023-07-28]. http://www.zhuzhou.gov.cn/c18596/20210910/i1768818.html.

人工智能、航天航空、新能源等产业对硬质合金的高端需求高速增长，与国内硬质合金企业仍集中于产业中低端领域、涉足高端领域较少、原始创新能力稀缺、行业关键共性技术亟待突破、与现代高科技共性技术融合难以破壁的矛盾。

基于此，为整合硬质合金全产业链，在资源统筹上实现产业的整体培育和升级，带动行业全面进入高端市场，本书通过开展硬质合金产业专利导航，深入分析产业专利布局、研发热点、竞争格局、发展定位等因素，以知识产权为产业创新发展赋能，为株洲市硬质合金产业高质量发展保驾护航，助力企业研发生产出更多更好的高技术含量和高附加值产品。

1.4 数据检索与分析处理

1.4.1 数据检索

（1）检索来源。本书的专利文献检索数据来源于智慧芽数据库。
（2）检索时间：2023年5月30日。
（3）检索范围全球。

1.4.2 分析工具和方法

（1）分析工具。本书主要采用的分析工具包括Office软件（Word、Excel、Visio、PPT等）、智慧芽在线分析工具、INCOPAT在线分析工具等。
（2）分析方法。本书对检索到的相关专利文献进行定量分析与定性分析。其中定量分析主要是通过专利文献的申请日期、申请人、分类类别、申请国家等按有关指标如专利数量、同族专利数量、专利引文数量等进行统计分析，并从技术和市场的角度对有关统计数据的变化进行解释，以取得动态发展趋势方面的情报。定性分析是以专利技术内容按技术特征来归并有关专利，一般用来获得技术动向、企业动向、特定权利状况等方面的情报。在进行专利分析时，本书采取定量分析与定性分析相结合的方法。

1.4.3 相关事项及约定

此处对本书中出现的以下术语或现象，一并给出解释。

（1）同族专利。同一项发明创造在多个国家申请专利而产生的一组内容相同或基本相同的专利文献出版物，称为一个专利族或同族专利。从技术角度来看，属于同一专利族的多件专利申请可视为同一项技术。

（2）专利所属国家或地区。本书中专利所属国家或地区是以专利申请的首次申请优先权国别来确定的，没有优先权的专利申请以该项申请的最早申请国别确定。

（3）台湾、香港、澳门。本书中出现的台湾、香港、澳门均指中国台湾、中国香港特别行政区、中国澳门特别行政区，中国专利申请则特指向国家知识产权局提交的专利申请。

（4）2022—2023年专利文献数据不完整导致申请量下降的原因。PCT专利申请可能自申请日30个月甚至更长时间之后才进入国家审查阶段，从而导致与之相对应的国家公布时间更晚；中国发明专利申请通常自申请日起18个月（要求提前公布的申请除外）才能被公布。

（5）专利法律状态。本书中所涉及的法律状态分为有效、失效、审中三种，其中有效专利指的是已经获得授权且尚未终止或被全部无效的专利；失效专利包括权利终止、撤回、驳回、放弃及被全部无效的专利；审中专利包括处于公开或实质审查阶段的专利。

（6）集团。数据统计过程中，本书对申请人进行了归一化处理，将公司的中英文名称、简称等下的相关专利统计在内，并对公司名称进行了统一标注。

第 2 章

硬质合金产业发展方向分析

本章以全球范围内硬质合金技术领域的专利为数据源，从全球产业专利发展态势、申请人情况、产业技术发展热门方向三个方面，对硬质合金技术进行专利分析。

2.1 全球硬质合金产业专利发展态势

2.1.1 产业发展趋势分析

硬质合金产业专利申请基本经历了三个阶段，如图 2-1-1 所示，第一个阶段是 20 世纪 20 年代到 60 年代初期，由于产业刚起步，市场需求量不大，故专利技术发展呈现缓慢低速的发展。第二个阶段是 20 世纪 60 年代到 90 年代，由于涂层技术的突破，下游应用市场的拓宽，专利申请也进入一个快速成长阶段。第三个阶段是 20 世纪 90 年代以后至今，随着市场工业化的提升，市场对硬质合金的需求进一步扩大，专利申请也快速发展。

总体来说，硬质合金全球产业专利申请的趋势整体符合产业发展的状况，专利申请近年有所波动，但是专利年申请量还保持在一个较高的水平，预计未来产业还将保持一个较高的增长。

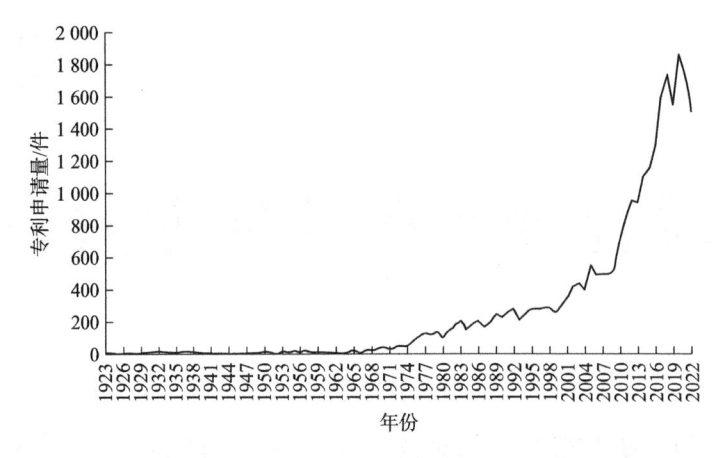

图 2-1-1　硬质合金全球产业专利申请趋势

注：（1）由于各国特别是国外企业重视专利技术的地域布局，会出现一件专利技术在多个国家布局的现象，等于一项专利技术在进行趋势分析的时候进行重复统计。所以为了明晰产业真正发展脉络，在进行本模块产业发展趋势分析时，对产业数据进行简单同族合并后进行分析。简单同族专利（Simple Patent Family），指一组专利中所有专利都以共同的一个或几个专利申请为优先权的专利。国外申请人利用同族专利在进行专利技术全球布局。

（2）由于统计时 2023 年非一个完整年度，故 2023 年未计入本次分析范围。

2.1.2　产业链结构调整情况分析

2.1.2.1　产业全球地域分布分析

我国的硬质合金产业形成于 20 世纪 40 年代末，经过 70 多年来的发展，我国已成为硬质合金产量最大的国家。2019 年，国内硬质合金产量达到 4.35 万吨，同比增长 13%，约占全球产量的 40%，全球各主要地区硬质合金产量分布如图 2-1-2 所示。从 2019 年全球硬质合金产业专利申请量区域分布上来看（见图 2-1-3），中国、日本、瑞典、美国和德国是全球硬质合金产业专利申请量最多的 5 个国家。这 5 个国家 2019 年专利申请量占全球专利申请总量的 94.8%，专利申请地域集中。总体来说，2019 年全球专利申请集中分布在亚洲的中国、日本,以及欧洲和美国这几个地区,与2019全球硬质合金的产量分布大体一致。

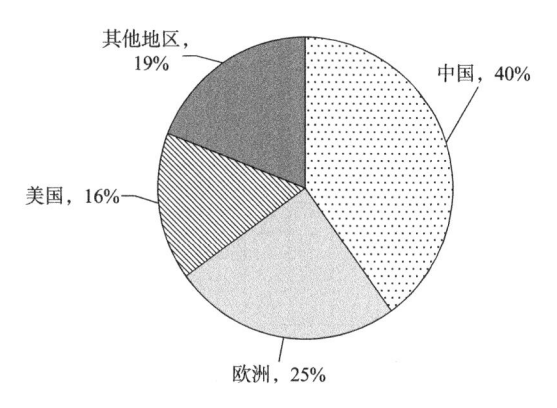

图 2-1-2　2019 年全球硬质合金产量区域分布

数据来源:华经情报网.2019—2025 年中国硬质合金行业发展潜力分析及投资方向研究报告[EB/OL].(2019-07-17)[2023-07-20].https://www.huaon.com/detail/447489.html.

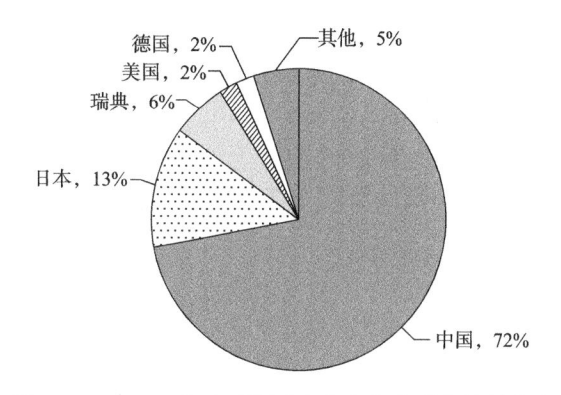

图 2-1-3　2019 年全球硬质合金产业专利申请量占比

截至检索日,以三个阶段全球专利申请总量排名前 10 的国家为分析样本,查看该 10 个国家在产业专利技术发展三个阶段中专利申请量排名和在全球专利申请量中的占比变化情况,分析全球专利地域迁徙状况,具体如表 2-1-1 所示。

表 2-1-1 全球硬质合金产业专利申请地域迁徙情况

受理局	第一阶段（1923—1966 年）排名	第一阶段 专利申请量占比/%	第二阶段（1967—1990 年）排名	第二阶段 专利申请量占比/%	第三阶段（1991—2022 年）排名	第三阶段 专利申请量占比/%	第二阶段较第一阶段 排名变化	第二阶段较第一阶段 专利申请量占比变化/百分点	第三阶段较第二阶段 排名变化	第三阶段较第二阶段 专利申请量占比变化/百分点
中国	19	0	5	3.0	1	56.0	+14	3.0	+4	53.0
日本	14	0.6	1	54.3	2	17.2	+13	53.7	-1	-37.1
美国	1	33.6	2	8.7	3	5.4	-1	-24.9	-1	-3.3
德国	4	9.4	3	6.0	6	2.7	+1	-3.4	-3	-3.3
韩国	19	0	13	1.2	7	2.4	+6	1.2	+6	1.2
俄罗斯	18	0.3	4	4.5	8	1.5	+14	4.2	-4	-3.0
加拿大	19	0	7	2.5	10	0.9	+12	2.5	-3	-1.6
印度	9	1.1	21	0.4	9	0.9	-12	-0.7	+12	0.5
瑞典	12	0.8	10	1.7	12	0.8	+2	0.9	-2	-0.9
澳大利亚	7	3.6	11	1.6	13	0.7	-4	-2.0	-2	-0.9

注：排名变化中"+""-"分别表示排名上升、下降。

从表 2-1-1 纵向来看,在技术发展第一阶段(1923—1966 年),全球专利技术主要分布在欧美国家,以美国和德国为代表。中国由于此时技术刚起步,专利制度也未正式实施,专利申请量占比为零。进入技术发展的第二阶段(1967—1990 年),全球专利技术地域分布的格局发生了变化。日本由第一阶段靠后的第 14 名猛升至第 1 名,专利申请量占全球专利申请总量的 50% 以上。其他国家,如美国、德国在全球排名仍然靠前。也就是说,在技术发展第二阶段,以日本为代表的亚洲国家已经崛起,取代了先前欧美国家的技术垄断地位。在这一阶段,中国专利申请量排名虽然在提升,但专利申请量占比不高,远低于日本等国家。到技术发展的第三阶段(1991—2022 年),中国专利技术发展迅速,在专利申请量排名上取代日本上升至第 1 位,专利申请量在全球的占比达到了 56%。日本专利申请量排名降至第 2 位,但专利申请量仍占全球的近 1/6。总体来说,在技术发展第三阶段,全球专利申请以中国、日本、美国为主。

从表 2-1-1 横向来看,技术发展三个阶段仅中国和韩国无论在专利申请量排名上还是专利申请量占比上都在提升,其中以中国表现最为突出。反观其他国家,特别是美国,无论专利申请量排名还是专利申请量占比都在下降,且后者下降幅度相对较大。总体来说,专利申请在从欧美国家向亚洲国家集中,目前主要集中分布在中国和日本,两个国家的专利申请量占全球申请量近 1/4,而先前占据技术优势的国家,如美国和德国,虽然专利申请量全球排名变化不大,但是专利申请量占比显著下降。

2.1.2.2 全球产业链结构分布及发展情况

全球硬质合金产业专利申请按照产业结构分布(见图 2-1-4),产业上中下游专利申请总量相差不大。专利申请量占比相对较大的是在产业中游,其中切削刀片技术分支专利申请量较多。其次在产业上游,专利技术主要集中在硬质合金制备和涂层加工技术分支。产业下游专利总体分布相对较少,主要应用方向在工程机械、勘探采掘、航天航空、汽车制造等技术分支。

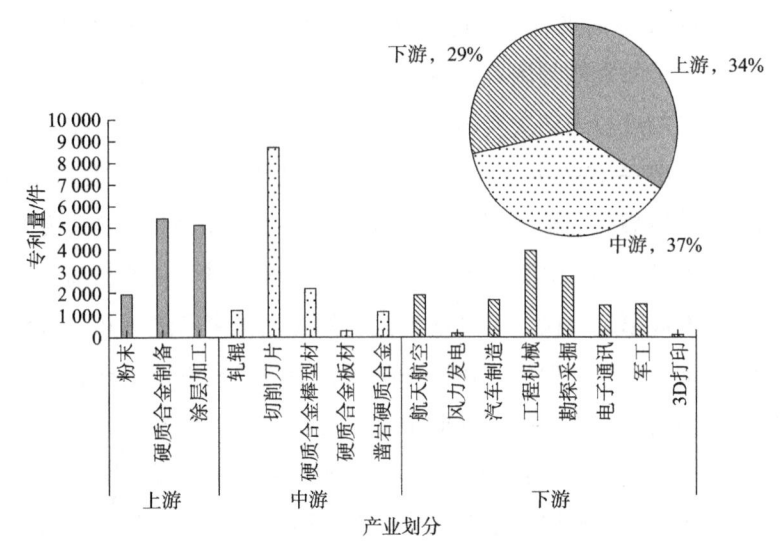

图 2-1-4 全球硬质合金产业专利分布

注：由于各国特别是国外企业重视专利技术的地域布局，会出现一件专利技术在多个国家布局的现象，等于一项专利技术在进行技术分析的时候进行重复统计。所以为了明晰产业真正技术情况，在进行本模块产业结构分布分析时，对产业数据进行简单同族合并后进行分析。

从全球专利申请整体来看，专利申请量排名前 5 的国家为中国、日本、美国、德国、韩国。全球专利申请地域分布集中，以上 5 个国家专利申请量占据全球专利申请量的 81.7%。对该 5 个国家产业专利技术分布分析如图 2-1-5 所示，中国由于整体专利申请体量大，所以相比其他国家，无论在产业上游、还是产业中游或产业下游，在专利申请数量上都占据较大优势。

按照产业结构上中下游划分后进一步分析上述主要国家产业上中下游专利申请量占本国专利申请总量比例情况以及中国与其他国家专利申请量占比比较情况，具体如表 2-1-2 所示，中国专利申请侧重在产业中下游，产业下游更突出，而其他主要国家专利申请则侧重在产业上中游。特别是日本，在产业上游专利申请量占比在 5 个国家中最高。在产业中游美、德、韩专利申请量占比相对较高。总体而言，中国相对其他主要国家在产业上中下游专利申请数量方面都有优势，但结合专利申请量占比来看，中国在产业下游优势更加明显。

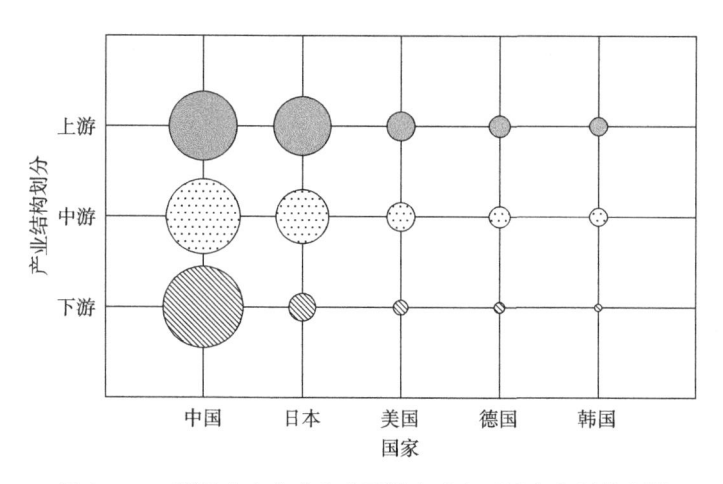

图 2-1-5　硬质合金产业上中下游全球主要国家专利分布图

表 2-1-2　硬质合金产业中国与其他主要国家专利申请量占比对比

产业划分	国家/%					比较/百分点			
	中国	日本	美国	德国	韩国	中国-日本	中国-美国	中国-德国	中国-韩国
上游	27.0	46.4	41.4	44.6	40.7	-19.4	-14.4	-17.6	-13.7
中游	34.0	42.6	48.5	46.6	51.3	-8.6	-14.5	-12.6	-17.3
下游	39.0	11.0	10.1	8.8	8.0	28.0	28.9	30.2	31.0

按照产业结构上中下游各技术分支划分后进一步分析上述主要国家专利申请分布，具体如图 2-1-6 所示，由于中国整体专利申请体量大，单从专利数量上来看，相比其他国家在各技术分支上大多占据较大优势。但日本在硬质合金产业专利申请总量只有中国的 1/5 的情况下，在上游的涂层加工技术分支专利申请量比中国多。另外，在中游的切削刀片技术分支上的专利申请量也只略少于中国，可见日本在这两个技术分支整体实力较强。

下面重点研究近 30 年（指 1993—2022 年，余同）全球硬质合金产业迁徙情况，以 10 年为一个考察阶段。

从全球硬质合金产业上中下游各时间段专利申请量占比来看，如表 2-1-3 所示，全球产业结构在近 30 年中逐步向下游集中，而在产业上中游呈逐步下降的趋势。

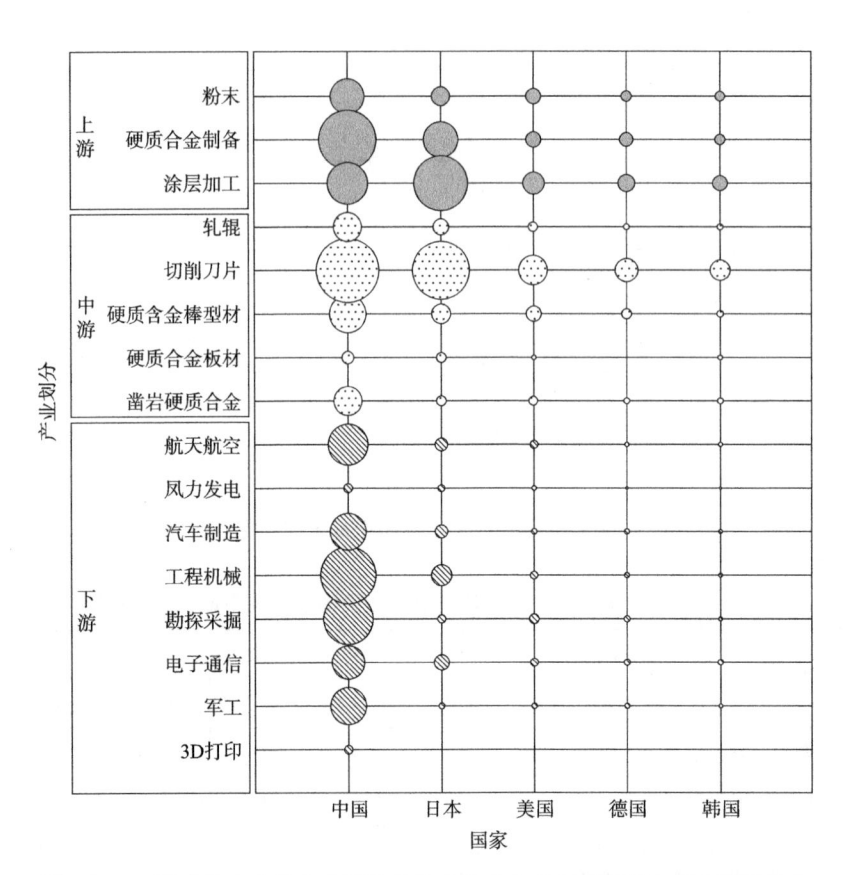

图 2-1-6 硬质合金产业上中下游各技术分支全球主要国家专利申请量分布

表 2-1-3 全球硬质合金产业上中下游近 30 年迁徙情况

产业划分	第1个10年/% 1993—2002 (A)	第2个10年/% 2003—2012 (B)	第3个10年/% 2013—2022 (C)	比较/百分点 第2个10年与第1个10年比较（B-A）	比较/百分点 第3个10年与第2个10年比较（C-B）
上游	40.4	33.9	28.7	-6.5	-5.2
中游	44.6	40.7	34.8	-3.9	-5.9
下游	15.0	25.4	36.5	10.4	11.1

从全球产业上中下游各技术分支各时间段专利申请量占比来看，结合表 2-1-3 和表 2-1-4 所示，在产业上中游专利申请量占比整体下降的趋势下，上游的涂层加工和中游的切削刀片技术分支的专利申请量占比一直在

下降，可能与其技术发展较为成熟、短期难有重大突破有关。相反，上游的硬质合金制备技术分支在近 10 年（指 2013—2022，余同）有一定程度的增长。同时，近 30 年在下游技术分支专利申请量占比增加的大趋势下，航天航空、工程机械、勘探采掘和军工技术分支的专利申请量占比有较为突出的增加，预计未来增长点也将围绕上述技术分支。相反，风力发电、电子通信和 3D 打印技术分支的专利申请量占比增幅很小或略有下降。

表 2-1-4　全球硬质合金产业上中下游各技术分支近 30 年迁徙情况

产业划分		第 1 个 10 年/%	第 2 个 10 年/%	第 3 个 10 年/%	比较/百分点	
		1993—2002 (A)	2003—2012 (B)	2013—2022 (C)	第 2 个 10 年与第 1 个 10 年比较（B-A）	第 3 个 10 年与第 2 个 10 年比较（C-B）
上游	粉末	5.0	4.0	4.5	-1.0	0.5
	硬质合金制备	10.5	9.8	13.5	-0.7	3.7
	涂层加工	23.9	18.3	8.0	-5.6	-10.3
中游	轧辊	3.5	2.6	3.0	-0.9	0.4
	切削刀片	33.1	26.3	18.5	-6.8	-7.8
	硬质合金棒型材	5.5	6.2	5.5	0.7	-0.7
	硬质合金板材	0.7	0.5	0.5	-0.2	0
	凿岩硬质合金	2.6	3.5	2.8	0.9	-0.7
下游	航天航空	1.4	3.2	6.7	1.8	3.5
	风力发电	0.2	0.1	0.3	-0.1	0.2
	汽车制造	2.1	3.0	5.3	0.9	2.3
	工程机械	5.0	9.0	13.0	4.0	4.0
	勘探采掘	2.1	7.3	8.9	5.2	1.6
	电子通信	3.5	3.9	3.8	0.4	-0.1
	军工	0.9	2.3	5.4	1.4	3.1
	3D 打印	—	—	0.3	—	0.3

从主要国家产业上中下游各时间段专利申请量占比来看,如表2-1-5所示,在专利申请向下游布局增加的大趋势下,日本、美国和韩国产业下游专利申请量占比在第2个10年明显增加,在第3个10年又有一定增长,而中国产业下游的专利申请量占比持续增加。中国、日本和韩国在部分时间段产业上游专利申请量占比有一定程度的增加。日本、美国在部分时间段产业中游专利申请量占比增加相对明显。

表2-1-5 主要国家硬质合金产业上中下游近30年迁徙情况

产业划分/国家		第1个10年/% 1993—2002 (A)	第2个10年/% 2003—2012 (B)	第3个10年/% 2013—2022 (C)	比较/百分点 第2个10年与第1个10年比较(B-A)	第3个10年与第2个10年比较(C-B)
上游	中国	27.9	26.6	27.1	-1.3	0.5
	日本	43.0	44.4	37.1	1.4	-7.3
	美国	42.4	36.5	34.6	-5.9	-1.9
	德国	45.4	43.2	42.6	-2.2	-0.6
	韩国	43.3	37.5	41.2	-5.8	3.7
中游	中国	41.3	34.5	33.4	-6.8	-1.1
	日本	45.2	47.1	50.0	1.9	2.9
	美国	46.1	57.6	54.0	11.5	-3.6
	德国	48.8	50.6	44.3	1.8	-6.3
	韩国	48.3	56.0	49.8	7.7	-6.2
下游	中国	30.8	38.9	39.5	8.1	0.6
	日本	11.8	8.5	12.9	-3.3	4.4
	美国	11.5	5.9	11.4	-5.6	5.5
	德国	5.8	6.2	13.1	0.4	6.9
	韩国	8.4	6.5	9.0	-1.9	2.5

从主要国家产业上中下游各技术分支各时间段专利申请量占比来看,具体到产业上游各技术分支,如表2-1-6所示,中国在产业上游专利申请量占比的增加体现在硬质合金制备技术分支上,而韩国在产业上游专利申请量占比的增加体现在涂层加工技术分支上。虽然日本、美国和德

国在产业上游专利申请量占比整体下降（见表2-1-5），但是日本在粉末和涂层加工技术分支专利申请量占比分别在第3个10年和第2个10年存在一定增加，而美国则在硬质合金制备技术分支和德国在粉末、硬质合金制备技术分支近10年专利申请量占比都有一定幅度的增加。具体到产业中游各技术分支，如表2-1-7所示，日本、美国和韩国在切削刀片技术分支专利申请量占比整体上有一定幅度的增长，美国在硬质合金棒型材技术、轧辊技术分支专利申请量占比整体上有一定幅度的增长，而中国第2个10年仅在硬质合金棒型材技术分支专利申请量占比上有一定幅度的增长。具体到产业下游各技术分支，如表2-1-8所示，第3个10年，中国、日本、美国、德国和韩国在航天航空技术分支，中国和德国在汽车制造技术分支，中国、日本、德国在工程机械技术分支，美国、德国和韩国在电子通信技术分支，专利申请量占比都有一定程度的增长。另外，中国第2个10年在勘探采掘和近30年在军工技术分支专利申请量占比也有一定程度的增长。

表2-1-6 主要国家硬质合金产业上游各技术分支近30年迁徙情况

技术分支	国家	第1个10年/% 1993—2002 （A）	第2个10年/% 2003—2012 （B）	第3个10年/% 2013—2022 （C）	比较/百分点 第2个10年与第1个10年比较（B-A）	比较/百分点 第3个10年与第2个10年比较（C-B）
粉末	中国	6.1	4.2	4.2	-1.9	0
	日本	3.1	1.6	3.7	-1.5	2.1
	美国	7.8	7.6	7.7	-0.2	0.1
	德国	5.4	4.1	7.5	-1.3	3.4
	韩国	10.8	5.4	8.3	-5.4	2.9
硬质合金制备	中国	10.0	11.9	13.6	1.9	1.7
	日本	10.2	4.1	4.0	-6.1	-0.1
	美国	6.6	5.3	7.0	-1.3	1.7
	德国	9.7	9.6	11.2	-0.1	1.6
	韩国	6.7	7.5	6.4	0.8	-1.1

续表

技术分支	国家	第1个10年/% 1993—2002 (A)	第2个10年/% 2003—2012 (B)	第3个10年/% 2013—2022 (C)	比较/百分点 第2个10年与第1个10年比较（B-A）	比较/百分点 第3个10年与第2个10年比较（C-B）
涂层加工	中国	11.1	8.7	6.4	-2.4	-2.3
	日本	28.7	37.9	29.6	9.2	-8.3
	美国	25.0	22.6	18.9	-2.4	-3.7
	德国	29.3	28.7	23.1	-0.6	-5.6
	韩国	25.3	23.8	26.3	-1.5	2.5

表2-1-7 主要国家硬质合金产业中游各技术分支近30年迁徙情况

技术分支	国家	第1个10年/% 1993—2002 (A)	第2个10年/% 2003—2012 (B)	第3个10年/% 2013—2022 (C)	比较/百分点 第2个10年与第1个10年比较（B-A）	比较/百分点 第3个10年与第2个10年比较（C-B）
轧辊	中国	4.4	3.1	3.1	-1.3	0
	日本	3.4	1.9	1.4	-1.5	-0.5
	美国	1.5	2.5	2.0	1.0	-0.5
	德国	1.5	2.6	1.0	1.1	-1.6
	韩国	1.5	2.1	1.9	0.6	-0.2
切削刀片	中国	24.4	17.1	16.4	-7.3	-0.7
	日本	36.8	41.5	44.7	4.7	3.2
	美国	34.9	41.1	41.8	6.2	0.7
	德国	41.4	38.0	37.6	-3.4	-0.4
	韩国	37.6	47.5	43.9	9.9	-3.6
硬质合金棒型材	中国	6.7	6.8	5.6	0.1	-1.2
	日本	4.0	3.0	3.0	-1.0	0
	美国	7.4	12.2	8.6	4.8	-3.6
	德国	5.4	8.2	4.7	2.8	-3.5
	韩国	6.2	4.7	3.8	-1.5	-0.9

续表

技术分支	国家	第1个10年/% 1993—2002 (A)	第2个10年/% 2003—2012 (B)	第3个10年/% 2013—2022 (C)	比较/百分点 第2个10年与第1个10年比较 (B-A)	比较/百分点 第3个10年与第2个10年比较 (C-B)
硬质合金板材	中国	0.6	0.5	0.5	-0.1	0
	日本	0.8	0.4	0.1	-0.4	-0.3
	美国	0.3	0.1	0	-0.2	-0.1
	德国	0	0	0	0	0
	韩国	0.5	1.0	0	0.5	-1.0
凿岩硬质合金	中国	5.3	4.7	3.0	-0.6	-1.7
	日本	1.0	0.7	0.7	-0.3	0
	美国	3.6	2.4	2.4	-1.2	0
	德国	1.8	2.3	2.0	0.5	-0.3
	韩国	3.1	1.3	1.0	-1.8	-0.3

表2-1-8 主要国家硬质合金产业下游各技术分支近30年迁徙情况

技术分支	国家	第1个10年/% 1993—2002 (A)	第2个10年/% 2003—2012 (B)	第3个10年/% 2013—2022 (C)	比较/百分点 第2个10年与第1个10年比较 (B-A)	比较/百分点 第3个10年与第2个10年比较 (C-B)
航天航空	中国	2.5	4.6	7.2	2.1	2.6
	日本	1.5	1.2	2.5	-0.3	1.3
	美国	2.7	1.0	2.7	-1.7	1.7
	德国	0.0	0.3	2.4	0.3	2.1
	韩国	0.0	0.5	1.3	0.5	0.8
风力发电	中国	0.1	0.2	0.2	0.1	0
	日本	0.2	0.1	0.3	-0.1	0.2
	美国	0.3	0.3	1.0	0	0.7
	德国	0	0	0.7	0	0.7
	韩国	0	0.5	0	0.5	-0.5

续表

技术分支	国家	第1个10年/% 1993—2002 (A)	第2个10年/% 2003—2012 (B)	第3个10年/% 2013—2022 (C)	比较/百分点 第2个10年与第1个10年比较 (B-A)	比较/百分点 第3个10年与第2个10年比较 (C-B)
汽车制造	中国	4.2	4.5	5.9	0.3	1.4
汽车制造	日本	1.7	0.7	0.3	-1.0	-0.4
汽车制造	美国	0.7	0.6	0.8	-0.1	0.2
汽车制造	德国	0	0.3	1.7	0.3	1.4
汽车制造	韩国	2.6	1.0	0.3	-1.6	-0.7
工程机械	中国	6.2	12.5	13.8	6.3	1.3
工程机械	日本	5.2	4.9	6.4	-0.3	1.5
工程机械	美国	2.2	1.4	1.5	-0.8	0.1
工程机械	德国	0.9	0.6	1.7	-0.3	1.1
工程机械	韩国	2.6	2.1	1.3	-0.5	-0.8
勘探采掘	中国	5.7	11.9	9.7	6.2	-2.2
勘探采掘	日本	0.5	0.2	0.5	-0.3	0.3
勘探采掘	美国	3.2	2.1	2.3	-1.1	0.2
勘探采掘	德国	1.8	2.6	0.7	0.8	-1.9
勘探采掘	韩国	1.0	1.3	1.3	0.3	0
电子通信	中国	9.8	5.8	4.1	-4.0	-1.7
电子通信	日本	2.6	1.7	2.5	-0.9	0.8
电子通信	美国	2.0	0.7	2.4	-1.3	1.7
电子通信	德国	1.5	1.5	5.1	0	3.6
电子通信	韩国	1.5	1.3	3.6	-0.2	2.3
军工	中国	2.9	3.5	6.0	0.6	2.5
军工	日本	0.3	0.1	0.3	-0.2	0.2
军工	美国	1.8	0.1	0.6	-1.7	0.5
军工	德国	1.3	1.2	0.3	-0.1	-0.9
军工	韩国	0.6	0	0.3	-0.6	0.3

续表

技术分支	国家	第1个10年/% 1993—2002 (A)	第2个10年/% 2003—2012 (B)	第3个10年/% 2013—2022 (C)	比较/百分点 第2个10年与 第1个10年 比较(B-A)	第3个10年与 第2个10年 比较(C-B)
3D打印	中国	0	0	0.3	0	0.3
	日本	0	0	0	0	0
	美国	0	0	0.3	0	0.3
	德国	0	0	0.3	0	0.3
	韩国	0	0	0.3	0	0.3

2.2 专利申请人情况分析

2.2.1 主要专利申请人情况分析

表2-2-1是硬质合金产业技术领域专利申请量排名前10的主要申请人名单，从主要申请人所属国籍来看，本技术领域专利主要申请人地域分布与产业全球专利申请地域分布一致，主要来自中国、日本和美国几个国家，其中中国占据一半的席位，但排名前5的主要申请人只有株硬来自中国。上述情况一方面说明中国申请人整体实力较强，另一方面说明中国申请人与该技术领域世界巅峰水平还有一定差距。从主要申请人类型来看，主要申请人中有8位为企业类申请人，且排名前6的申请人全部为企业类申请人，说明本技术领域的创新主要是由企业及相关市场来带动，产业的发展动向可以从标志性企业的技术动向中获得启示。

表 2-2-1　硬质合金产业全球主要专利权申请人排名

专利申请量排名	当前申请人	国籍	申请人类型	专利申请量/件
1	三菱	日本	企业	4 385
2	山特维克	日本	企业	1 053
3	株硬	中国	企业	718
4	住友	日本	企业	653
5	肯纳金属	美国	企业	530
6	日立	日本	企业	429
7	中南大学	中国	高校	181
8	河源富马	中国	企业	129
9	自贡硬质合金	中国	企业	112
10	北京科技大学	中国	高校	110

注：已对申请人做归一化处理，余同。

表 2-2-2 为上述 10 位主要申请人专利有效性分布情况。由表 2-2-2 可知，国外申请人专利失效率大多在 70% 以上，专利失效率偏高，一方面与其专利申请时间早有关，另一方面说明其对本技术领域专利控制力在减弱。而国内申请人株硬和自贡硬质合金专利有效性配比较好，有效专利居多。国内其他企业及高校，专利失效率较高，需要注意。

表 2-2-2　硬质合金产业全球主要专利申请人专利有效性分布　　单位：%

当前申请人	有效专利量占比	审中专利量占比	失效专利量占比
三菱	19.1	4.9	76.0
山特维克	19.1	5.9	75.0
株硬	52.8	9.3	37.9
住友	8.1	2.6	89.3
肯纳金属	19.6	6.2	74.2
日立	10.3	0.9	88.8
中南大学	32.6	12.7	54.7
河源富马	35.7	3.1	61.2
自贡硬质合金	50.0	21.4	28.6
北京科技大学	28.2	10.9	60.9

三菱由于专利申请总量偏多，虽有76.0%的专利失效，有效专利量仍然排名全球第一，是本技术领域专利技术实力和控制力最强的申请人，也是最具有专利技术动态跟踪价值的申请人。

对全球硬质合金技术领域主要申请人专利活跃度情况进行分析，如图2-2-1所示，排名靠前的三菱公司由于专利申请总量远远大于其他公司，所以即使其近5年（2018—2022年，余同）专利申请量占比低，但是数量仍远高于其他主要申请人。另外，株硬在专利申请总量上虽不及山特维克，但是近5年专利申请量要高于山特维克，在全球主要申请人中近5年专利申请量排名第二，具有较高的活跃度。国内主要申请人近5年专利申请量占比要远高于国外主要申请人，表明国内申请人专利申请活跃，在大力追赶行业龙头，积极加强技术控制与布局。

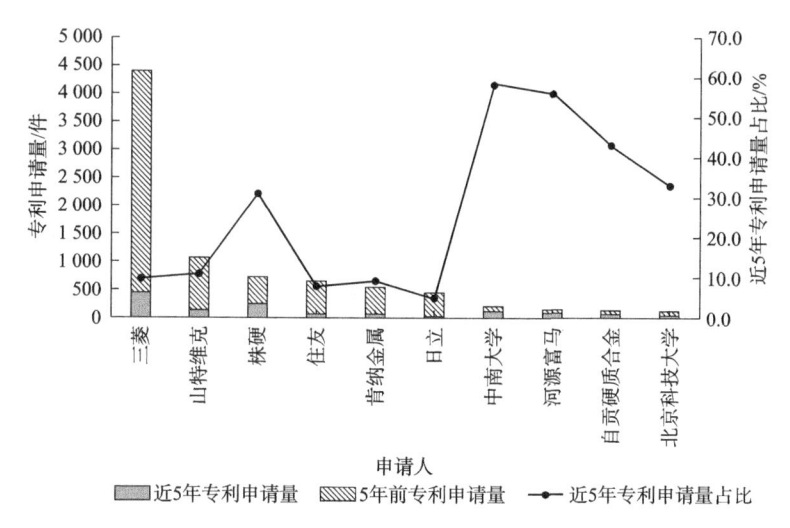

图2-2-1 硬质合金产业全球主要申请人专利活跃度情况

2.2.2 新进入者情况分析

对国内硬质合金技术领域专利申请量排名前10的新进入企业进行分析，如表2-2-3所示，排名第一的广东正信硬质材料技术研发有限公司专利申请量为46件，占国内本技术领域新进入者专利申请总量的6%。排名第二和第三的四川南钨工具有限公司和湖南金雕能源科技有限公司专利申请量均不多，分别为17件和16件，占比都在2%左右。可见在国内该技术领域的新进入者中，除了排名前3的企业，其他企业专利数量不多。如果以专利申请量指标来衡量技术实力，除广东正信硬质材料技术研发有限公司外其他申请人较一般。

表2-2-3 硬质合金产业国内新进入者专利申请情况

当前申请人	专利申请量/件	专利申请量占比/%
广东正信硬质材料技术研发有限公司	46	6.0
四川南钨工具有限公司	17	2.2
湖南金雕能源科技有限公司	16	2.1
江苏盖特钨业科技有限公司	11	1.4
湖南吉材硬质合金有限公司	11	1.4
郑州智匠精密工具有限公司	10	1.3
柳州新开超华科技有限公司	10	1.3
赣州锐科合金材料有限公司	10	1.3
江西冠群硬质合金有限公司	9	1.2
有研工程技术研究院有限公司	8	1.1
其他	615	80.7

在地域分布上，如图2-2-2所示，硬质合金产业国内新进入者专利申请地域主要分布在江苏省、广东省以及湖南省等地。截至2022年，从中国硬质合金企业数量地域分布情况[1]来看（见图2-2-3），按照企业分布数量排名靠前的湖南、河北，其行业新进入者的专利创新能力反倒不如排名相对靠后的江苏和广东等省份。这说明湖南不仅要加大产业的投入，也需要进一步鼓励技术创新，通过技术创新来稳定及提升市场的位置。

---

[1] 前瞻产业研究院.硬质合金产业链[EB/OL].(2022-06-25)[2023-07-28].https://x.qianzhan.com/xcharts/? k=%E7%A1%AC%E8%B4%A8%E5%90%88%E9%87%91.

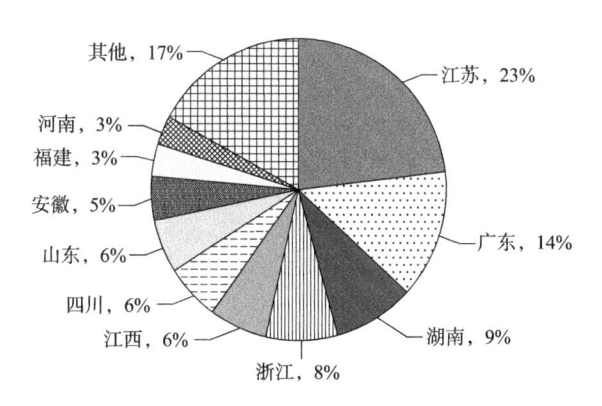

图 2-2-2　硬质合金产业国内新进入者专利申请地域分布

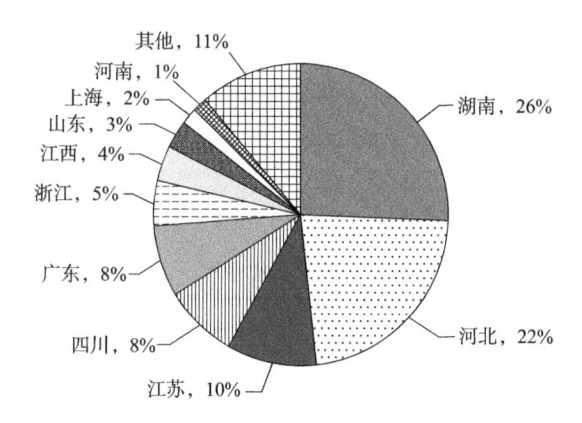

图 2-2-3　截至 2022 年中国硬质合金企业数量地域分布

2.3　产业技术发展热门方向分析

2.3.1　主要专利申请人产业技术发展方向分析

将全球硬质合金专利申请量排名前 10 的主要申请人近 5 年专利申请量按照产业上中下游进行分类，如图 2-3-1 所示，主要申请人近 5 年专利申请量在产业上中游分布居多,在产业下游分布相对偏少。

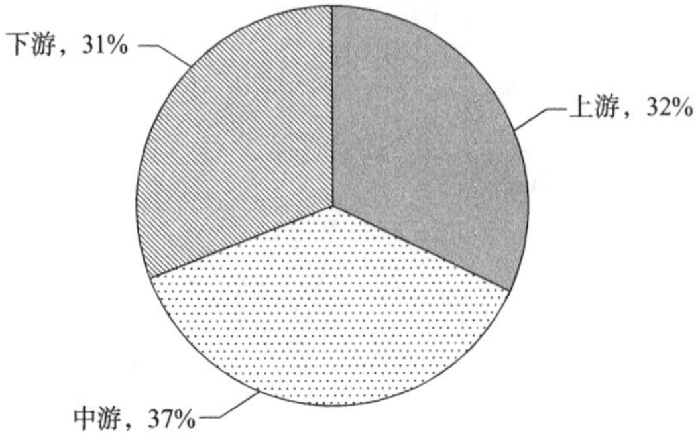

图 2-3-1 硬质合金产业主要申请人近 5 年专利申请上中下游分布

将近 5 年硬质合金产业主要申请人与全球专利申请量分别在上中下游占比情况进行对比分析,如表 2-3-1 所示,相对于全球情况,近 5 年主要申请人专利技术偏向产业上中游发展,在产业下游有所削弱。

表 2-3-1 近 5 年硬质合金产业全球主要申请人与全球专利申请量上中下游占比情况

产业划分	主要申请人占比/%	全球占比/%	比较(主要申请人占比-全球占比)/百分点
上游	32.2	26.0	6.2
中游	37.0	31.4	5.6
下游	30.8	42.6	-11.8

对近 5 年主要申请人的专利申请量在产业上中下游分布进行分析,如图 2-3-2 所示,专利申请总量排名前 3 的主要申请人近 5 年专利申请量在产业中游分布最多,其次分布在产业上游。其他主要申请人外,在产业中游分布专利较多的主要申请人是住友、肯纳金属和河源富马,在产业上游分布专利较多的主要申请人是中南大学、自贡硬质合金,在产业下游分布专利较多的主要申请人是中南大学、河源富马、北京科技大学和自贡硬质合金。综合来看,在产业上游和下游,株硬和中南大学与国外行业龙头对比,在专利技术上有一定的竞争力;在产业中游,仅株硬在整体实力上能与国外行业龙头匹敌。

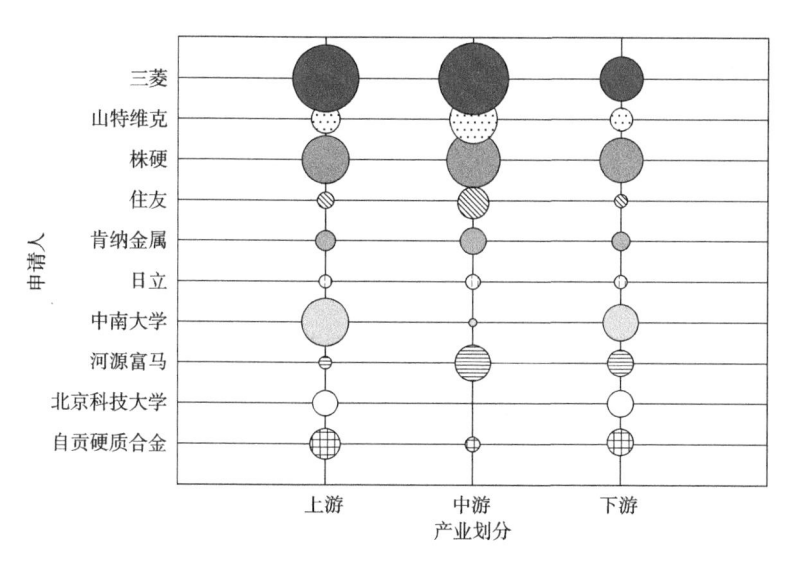

图 2-3-2 近 5 年硬质合金产业主要申请人上中下游专利分布

图 2-3-3 为近 5 年主要申请人专利申请量在产业上中下游各技术分支的分布情况，结合表 2-3-1 可以看出，近 5 年主要申请人专利申请技术分布虽然整体偏重于产业中游，但在产业上游的硬质合金制备、涂层加工技术分支仍分布了一定量的专利申请。产业中游的切削刀片技术分支，产业下游的工程机械和勘探采掘技术分支则属于主要申请人近 5 年专利申请重点布局的技术方向。

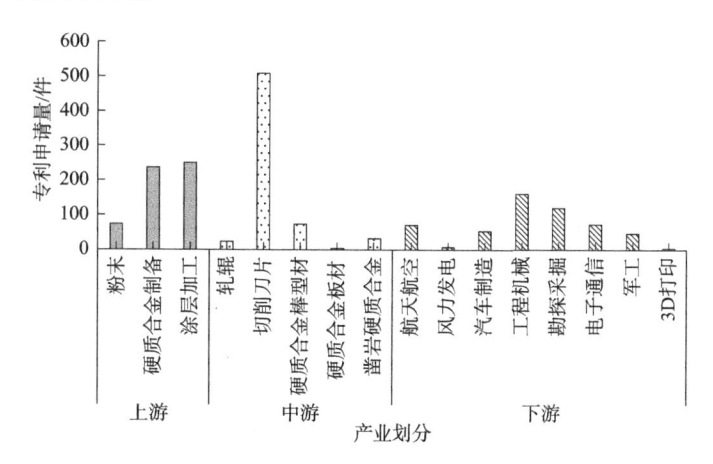

图 2-3-3 近 5 年主要申请人上中下游各技术分支专利申请量分布

将近5年主要申请人与全球专利申请量在产业上中下游各技术分支的占比情况进行对比分析,如表2-3-2所示,两者专利申请侧重点基本相同,都集中在产业上游的硬质合金制备、涂层加工技术分支,产业中游的切削刀片技术分支,产业下游的工程机械和勘探采掘技术分支。其中,主要申请人更注重在上游涂层加工和中游的切削刀片两个技术分支上进行专利布局。

表2-3-2　近5年主要申请人与全球专利申请量在上中下游各技术分支的占比情况

产业划分		主要申请人/%	全球/%	比较（主要申请人-全球）/百分点
上游	粉末	4.2	4.9	-0.7
	硬质合金制备	13.6	13.8	-0.2
	涂层加工	14.4	7.3	7.1
中游	轧辊	1.3	2.9	-1.6
	切削刀片	29.5	19.1	10.4
	硬质合金棒型材	4.2	5.9	-1.7
	硬质合金板材	0.2	0.5	-0.3
	凿岩硬质合金	1.8	3.0	-1.2
下游	航天航空	4.1	7.0	-2.9
	风力发电	0.3	0.3	0.0
	汽车制造	3.1	4.7	-1.6
	工程机械	9.3	12.7	-3.4
	勘探采掘	6.9	8.2	-1.3
	电子通信	4.3	3.6	0.7
	军工	2.6	5.7	-3.1
	3D打印	0.2	0.4	-0.2

对近5年主要申请人专利申请量在产业上中下游各技术分支的分布情况进行分析,如图2-3-4所示,国外的申请人注重在上游的涂层加工、中游的切削刀片技术分支上进行专利布局。上述技术分支也是国内申请人专利布局的重点,而且国内申请人在其他技术分支上也布局了较多专利。如

株硬、中南大学和自贡硬质合金在产业上游的硬质合金制备、产业下游的勘探采掘方面，以及株硬、河源富马和自贡硬质合金在产业下游的工程机械技术分支方面也布局了较多的专利，专利申请量整体上具有优势。

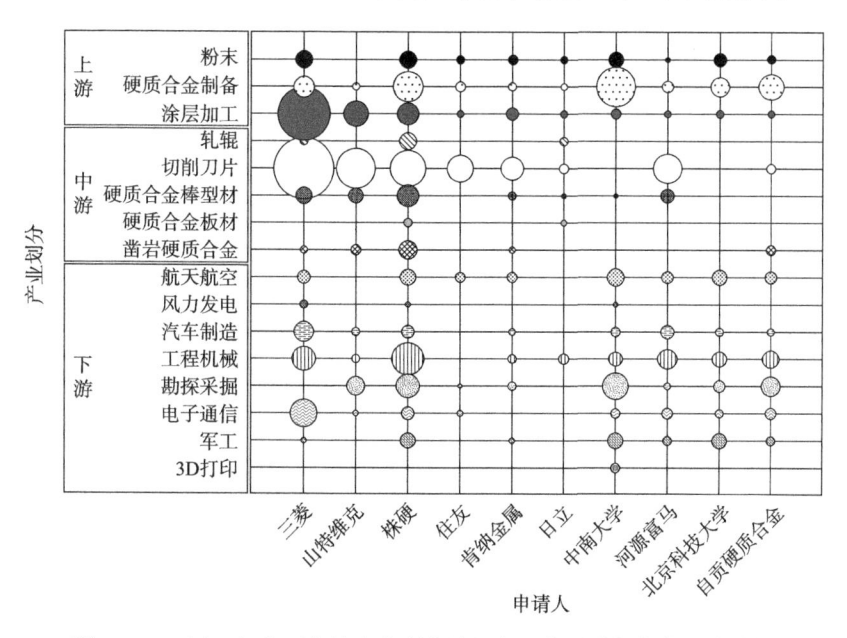

图 2-3-4　近 5 年主要申请人专利申请量在上中下游各技术分支分布

2.3.2　新进入者集中的热点技术方向分析

由于硬质合金产业国内新进入者单位申请人专利申请数量少，单个分析不具备指向性，所以以下将新进入者作为一个整体进行技术分析。

硬质合金产业国内新进入者专利申请按照产业上中下游划分后的分布如图 2-3-5 所示。国内新进入者相对集中于对产业下游的技术创新，其次是产业中游。而在产业上游，可能因为前期行业龙头大量布局，而且进入门槛相对较高，所以新进入者整体在产业上游创新相对不多。

将近 5 年硬质合金产业国内新进入者与全球主要申请人和全球在产业上中下游专利申请量的占比情况进行比较，如表 2-3-3 所示，国内新进入者近 5 年在产业上游技术创新程度落后于全球主要申请人和全球整体水平。

国内新进入者更加注重在产业中游及下游的发展。一般来说，产业中游是制造和加工端，下游是应用端。也就是说，国内新进入者多在为产业龙头企业服务的加工和应用领域方面进行技术创新。

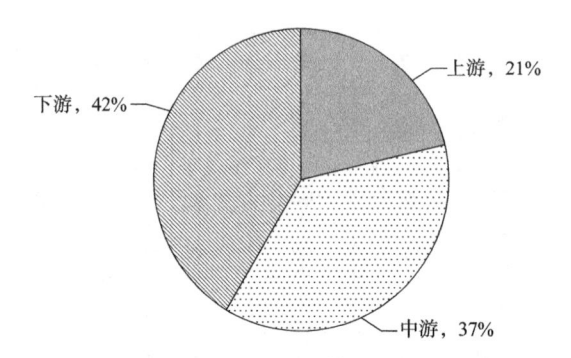

图 2-3-5　近 5 年硬质合金产业国内新进入者专利申请量上中下游分布

表 2-3-3　近 5 年硬质合金产业国内新进入者与主要申请人和全球专利申请量在上中下游占比情况

产业划分	国内新进入者占比/%	全球主要申请人占比/%	全球占比/%	比较	
				国内新进入者占比-全球主要申请人占比/百分点	国内新进入者占比-全球占比/百分点
上游	21.3	32.2	26.0	-10.9	-4.7
中游	37.2	37.0	31.4	0.2	5.8
下游	41.5	30.8	42.6	10.7	-1.1

对近 5 年硬质合金产业国内新进入者专利申请量按照产业上中下游各技术分支技术分布进行分析，如图 2-3-6 所示，产业上游的硬质合金制备技术分支、产业中游的切削刀片技术分支和产业下游的工程机械以及勘探采掘技术分支是新进入者专利技术布局的重点。

将近 5 年硬质合金产业国内新进入者与全球主要申请人和全球整体的专利申请量在上中下游各技术分支的占比情况进行对比分析，如表 2-3-4 所示，国内新进入者在产业上游各技术分支技术创新程度不及全球主要申请人和全球整体，但在产业中游的硬质合金棒型材和凿岩硬质合金技术分支上专利申请占比相对较高。同时，在产业下游国内新进入者相比全球主要申请人更加侧重在航天航空、汽车制造、工程机械、勘探采掘和军工技术分支上的创新发展，涉及重点技术分支较多。

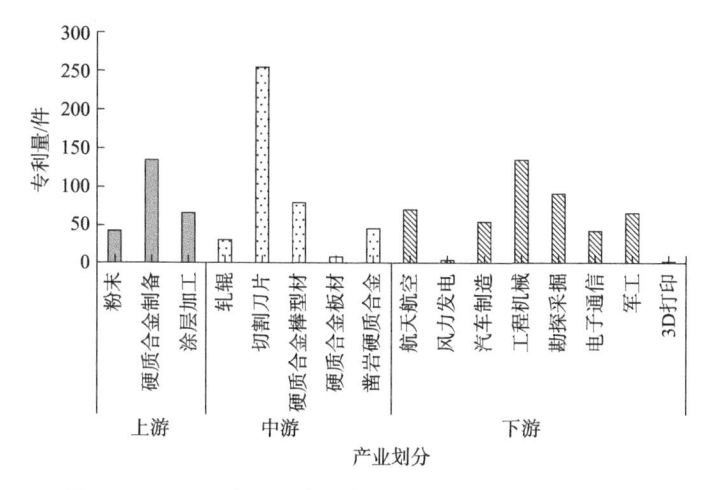

图 2-3-6　近 5 年硬质合金产业国内新进入者专利申请量
在上中下游各技术分支分布情况

表 2-3-4　近 5 年硬质合金产业国内新进入者与全球主要申请人和全球专利申请量在上中下游各技术分支占比情况

产业划分		国内新进入者占比/%	全球主要申请人占比/%	全球占比/%	比较 新进入者占比-主要申请人占比/百分点	比较 新进入者占比-全球占比/百分点
上游	粉末	3.7	4.2	4.9	-0.5	-1.2
上游	硬质合金制备	11.9	13.6	13.8	-1.7	-1.9
上游	涂层加工	5.7	14.4	7.3	-8.7	-1.6
中游	轧辊	2.8	1.3	2.9	1.5	-0.1
中游	切削刀片	22.6	29.5	19.1	-6.9	3.5
中游	硬质合金棒型材	7.1	4.2	5.9	2.9	1.2
中游	硬质合金板材	0.7	0.2	0.5	0.5	0.2
中游	凿岩硬质合金	4.0	1.8	3.0	2.2	1.0

续表

<table>
<tr><th colspan="2" rowspan="2">产业划分</th><th rowspan="2">国内新进入者占比/%</th><th rowspan="2">全球主要申请人占比/%</th><th rowspan="2">全球占比/%</th><th colspan="2">比较</th></tr>
<tr><th>新进入者占比-主要申请人占比/百分点</th><th>新进入者占比-全球占比/百分点</th></tr>
<tr><td rowspan="8">下游</td><td>航天航空</td><td>6.3</td><td>4.1</td><td>7.0</td><td>2.2</td><td>-0.7</td></tr>
<tr><td>风力发电</td><td>0.4</td><td>0.3</td><td>0.3</td><td>0.1</td><td>0.1</td></tr>
<tr><td>汽车制造</td><td>4.8</td><td>3.1</td><td>4.7</td><td>1.7</td><td>0.1</td></tr>
<tr><td>工程机械</td><td>12.1</td><td>9.3</td><td>12.7</td><td>2.8</td><td>-0.6</td></tr>
<tr><td>勘探采掘</td><td>8.1</td><td>6.9</td><td>8.2</td><td>1.2</td><td>-0.1</td></tr>
<tr><td>电子通信</td><td>3.7</td><td>4.3</td><td>3.6</td><td>-0.6</td><td>0.1</td></tr>
<tr><td>军工</td><td>5.9</td><td>2.6</td><td>5.7</td><td>3.3</td><td>0.2</td></tr>
<tr><td>3D打印</td><td>0.2</td><td>0.2</td><td>0.4</td><td>0</td><td>-0.2</td></tr>
</table>

2.4 小　　结

本章从全球产业专利发展态势、申请人情况以及产业技术发展热门方向三个方面对硬质合金产业发展状况进行了分析，主要分析结果如下。

2.4.1 全球产业专利发展态势

产业专利申请的三个阶段整体上符合产业市场的发展状况。近年来专利申请量还保持在一个较高的水平，预计未来产业还将保持一个较高的增长。

通过产业链调整结构情况分析发现，全球产业市场与专利分布基本一致。从专利申请地域分布来看，全球专利申请正在从欧美国家向亚洲国家集中，目前集中分布在中国和日本，两个国家专利申请量占全球近1/4，而美国和德国专利申请量占比在下降。

全球产业中游专利申请相对较多，主要集中在切削刀具技术分支，其次为产业上游，主要集中在硬质合金制备和涂层加工技术分支，产业下游专利申请相对较少。在近30年，全球产业结构逐步向下游集中，在上中游有逐步削弱的趋势，但产业上游的硬质合金制备技术分支的专利申请在近年有一定程度的增长。产业下游的航天航空、工程机械、军工和勘探采掘技术分支专利申请增长突出，预计未来还将是重要增长点；风力发电、电子通信和3D打印技术分支的专利申请增长情况较一般。中国专利申请侧重产业中下游，以下游较突出。而其他主要国家则侧重产业上中游，日本专利申请在上游占比最高，美国、德国和韩国专利申请在中游占比最高。日本在产业上游的涂层加工技术分支以及中游的切削刀片技术分支有较强优势，中国和德国在产业上游的硬质合金制备技术分支整体上专利申请增长相对明显。近10年韩国在产业上游的粉末和涂层加工技术分支，以及德国在产业上游的粉末和硬质合金制备技术分支专利申请有一定幅度的增长。在产业中游，日本、美国和韩国在切削刀片技术分支，美国在硬质合金棒型材技术分支专利申请有一定幅度的增长。在产业下游，中国侧重航天航空、汽车制造、工程机械、勘探采掘、电子通信及军工技术分支上的发展，其他国家侧重航天航空、汽车制造、工程机械、电子通信技术分支上的发展。

2.4.2 申请人情况分析

通过主要申请人分析发现，专利申请量排名前10的主要申请人的地域分布与产业全球地域分布一致，主要来自中国、日本和美国三国。其中，中国申请人占据一半的席位，但在排名前5的主要申请人中仅株硬来自中国。这说明中国整体实力较强，但中国申请人离站上该技术领域世界巅峰还有一定距离。专利申请量排名前10的主要申请人中80%为企业，说明本技术领域的创新主要是由企业及相关市场带动，产业的发展动向可以从标志性企业的技术动向中获得启示。国外申请人对硬质合金技术领域专利控制力在减弱，专利失效率普遍在70%以上，但三菱的有效专利数量仍排名全球第一，是硬质合金技术领域国内企业在专利布局时需要警惕的竞争对手。国内企业中株硬和自贡硬质合金的有效专利较多。国内申请人近5

年专利申请活跃,在大力追赶行业龙头,其中株硬近 5 年专利申请量在全球主要申请人中排名第二。

通过国内新进入者分析发现,国内新进入者专利申请量不多,技术实力均一般,新进入者专利申请主要分布在江苏、广东以及湖南等地。硬质合金企业数量排名前列的湖南、河北,其新进入者的专利创新能力不如企业数量排名相对靠后的江苏和广东。因此,湖南不仅要加大产业的投入,也需要进一步鼓励技术创新,通过技术创新来稳定及提升市场的位置。

2.4.3 产业技术发展热门方向分析

通过主要申请人产业技术发展方向分析发现,近 5 年全球主要申请人技术创新在产业上中游占比偏大,在产业下游占比相对偏少。

近 5 年主要申请人较关注产业上游的硬质合金制备、涂层加工技术分支,以及产业中游的切削刀片与下游的工程机械和勘探采掘技术分支,这与全球近 5 年产业创新的侧重点基本相同。国外主要申请人注重在产业上游的涂层加工、中游的切削刀片技术分支布局,国内主要申请人不仅布局上述技术分支,还在产业上游的硬质合金制备、下游的勘探采掘和工程机械技术分支申请了较多专利,专利申请量整体上具有优势。

通过国内新进入者关注的热点技术方向分析发现,国内新进入者相对集中于产业下游的技术创新,其次是产业中游。而在产业上游,可能因为前期行业龙头大量布局,而且进入门槛相对较高,所以新进入者整体在产业上游创新相对不多。产业上游的硬质合金制备、中游的切削刀片和下游的工程机械以及勘探采掘技术分支是国内新进入者的技术布局重点。国内新进入者在产业上游技术创新程度不如全球主要申请人和全球整体,但在产业中游的硬质合金棒型材和凿岩硬质合金技术分支占比较高,在产业下游相比全球主要申请人更侧重于航天航空、汽车制造、工程机械、勘探采掘和军工技术分支。

第 3 章

湖南省硬质合金产业发展定位

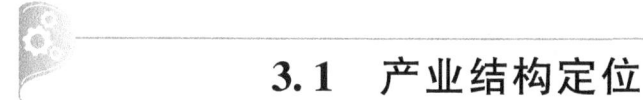

3.1 产业结构定位

本节主要根据硬质合金产业主要国家和国内主要省份专利数据,对全国主要省份排名、全国主要省份上中下游分布、全球主要国家上中下游分布、湖南与主要国家和主要省份产业结构对比,以及湖南与主要省份近5年情况等进行分析。

表3-1-1为全国专利申请量前10地域排名表,可以看出,产业主要分布在中部和东部地区,而其中较为突出是湖南和江苏,在硬质合金产业专利申请量超过2 000件,占比分别为14.7%和13.2%,其次为广东、四川和浙江,专利申请量在1 000件以上,占比分别为8.0%、6.4%和6.3%,排名6到10的省份地区专利申请量在500~900件,排名第10的安徽专利申请量占全国3.0%。

因此从全国产业地域分布来看,湖南和江苏为主要产业聚集地,其次广东、四川和浙江在硬质合金产业领域也较为发达。下面具体分析全国主要省份在硬质合金产业上中下游的分布情况。

表 3-1-1　全国专利申请量前 10 省份

序号	省份	专利申请数量/件	全国占比/%
1	湖南	2 470	14.7
2	江苏	2 223	13.2
3	广东	1 340	8.0
4	四川	1 077	6.4
5	浙江	1 051	6.3
6	江西	831	4.9
7	山东	683	4.1
8	北京	625	3.7
9	河南	564	3.4
10	安徽	500	3.0

图 3-1-1 为硬质合金产业全国主要省份上中下游专利申请量占比图，可以看出，全国主要省份在硬质合金的上中下游分布上基本属于 1∶1∶1 的状态，湖南基本是上中下游全面发展的状态；广东下游稍微偏多，而上游偏少；江西在上中下游分布上与湖南差别较大，专利申请主要集中在上游，其次是下游，然后是中游；北京是以下游和上游为主，中游较少。

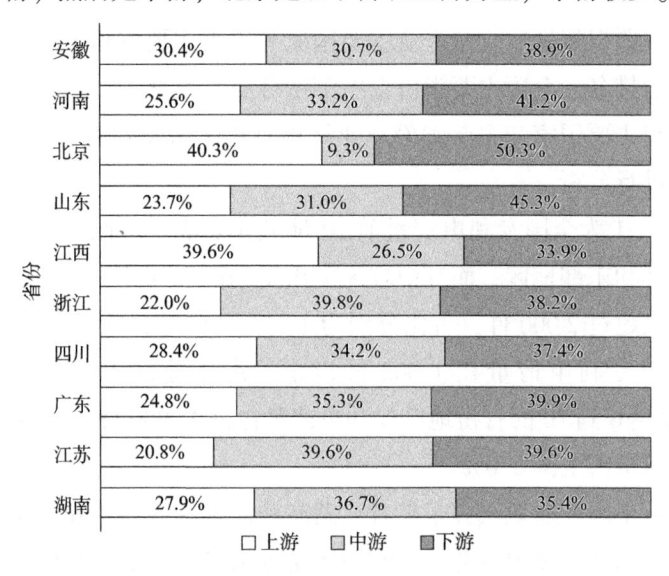

省份	上游	中游	下游
安徽	30.4%	30.7%	38.9%
河南	25.6%	33.2%	41.2%
北京	40.3%	9.3%	50.3%
山东	23.7%	31.0%	45.3%
江西	39.6%	26.5%	33.9%
浙江	22.0%	39.8%	38.2%
四川	28.4%	34.2%	37.4%
广东	24.8%	35.3%	39.9%
江苏	20.8%	39.6%	39.6%
湖南	27.9%	36.7%	35.4%

图 3-1-1　全国主要省份上中下游专利申请量占比

第 3 章 湖南省硬质合金产业发展定位

湖南在上中下游占比分布上，整体与全国主要省份的分布相符，但与江西相比在上游显有劣势，而与北京相比在上游和下游均显有劣势。

下面再来看看中国上中下游分布与全球主要国家地区相比，在分布上的特点。

图 3-1-2 为硬质合金产业全球专利申请主要国家/地区/组织上中下游占比情况，可以看出，中国上中下游的分布与湖南和全国主要省份的分布是一致的，上中下游基本 1∶1∶1，而全球主要国家/地区/组织与中国差异较大，日本、美国、欧洲专利局等均以上游和中游为主，而下游应用专利数量较少，基本在 10% 左右。

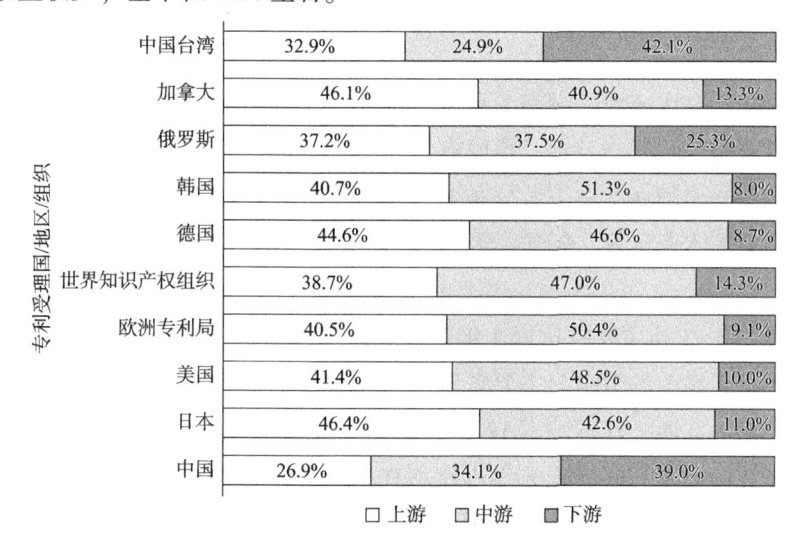

专利受理国/地区/组织	上游	中游	下游
中国台湾	32.9%	24.9%	42.1%
加拿大	46.1%	40.9%	13.3%
俄罗斯	37.2%	37.5%	25.3%
韩国	40.7%	51.3%	8.0%
德国	44.6%	46.6%	8.7%
世界知识产权组织	38.7%	47.0%	14.3%
欧洲专利局	40.5%	50.4%	9.1%
美国	41.4%	48.5%	10.0%
日本	46.4%	42.6%	11.0%
中国	26.9%	34.1%	39.0%

图 3-1-2 全球专利申请主要国家/地区/组织上中下游占比

因此，湖南与全国上中下游占比分布较为类似，而全球主要国家/地区/组织更为看重上游和中游的技术，而下游涉及较少。

下面分析湖南与排名靠前的国家和主要省份的对比情况。

由图 3-1-1、图 3-1-2 可得出表 3-1-2 硬质合金产业上中下游结构定位对比。将湖南专利申请量在上中下游的占比情况与日本、美国两个主要国家，以及与全国、江苏和广东占比情况进行对比，其中负值为湖南弱势的分支。从表 3-1-2 中可以看，湖南与日本和美国相比，在上游和中游均为负数，尤其在上游占比呈明显弱势，在中游占比也有一定差距，而在下游优势明显。湖南与全国、江苏、广东相比，差距不大，在上游略有优势，中游与江苏相比稍显偏弱，在下游较弱。

表 3-1-2　湖南专利申请量上中下游结构定位对比　　单位：百分点

区域对比	上游	中游	下游
湖南 VS 日本	-18.5	-5.9	24.4
湖南 VS 美国	-13.5	-11.9	25.3
湖南 VS 全国	1.1	2.5	-3.6
湖南 VS 江苏	7.2	-2.9	-4.2
湖南 VS 广东	3.1	1.4	-4.6

注："湖南 VS 日本"中的上游数据计算公式是"湖南产业上游专利申请量占比-日本产业上游专利申请量占比。余同。

因此，对比来看，湖南专利申请量在产业上中下游分布上，基本与国内主要省份一致，与日本、美国有一定的区别，但总体来看，其他主要省份与日本、美国在上中下游分布上的区别比湖南更大。

下面具体来看下，全国主要省份在近5年产业专利申请量上排名是否有变化。

表3-1-3为主要省份近5年专利申请量占比，可以看出，近5年专利申请量排名靠前的省份与主要省份排名没有差别，但从近5年自身占比来看，广东、江西、江苏增长较多，近5年占比在60%左右，而湖南、四川、浙江、山东和安徽近5年占比均在50%左右。另外，北京和河南近5年占比仅为35.5%和44.3%，低于全国近5年平均水平45.8%，湖南也仅比全国水平稍高，说明湖南近5年在硬质合金产业领域的发展有所放缓，而广东、江西和江苏有追赶之势。

表 3-1-3　主要省份近5年专利申请量占比　　单位：%

申请人省份	近5年专利申请量占比	申请人省份	近5年专利申请量占比
湖南	46.2	江西	58.5
江苏	55.9	山东	52.9
广东	61.1	北京	35.5
四川	50.9	河南	44.3
浙江	49.4	安徽	51.6

3.2 产业技术定位

本节主要根据硬质合金产业主要国家和主要省份专利申请量数据，对全国主要省份产业上中下游各分支分布、湖南与主要国家和国内主要省份产业各分支对比，以及湖南与主要省份产业各分支近5年情况等进行分析。

图3-2-1为全国硬质合金产业主要省份上游技术分支专利申请量分布情况，可以看出，湖南在上游的分布上仍处于领先地位；江苏、广东、四川在上游也较为突出；此外，江西、北京在上游较为出色。具体从上游的分支来看，大部分省份在硬质合金制备分支分布较多，例如，湖南、江苏、广东、四川等；但江西在粉末分支占比最多，湖南在粉末分支分布也不少。在上游的涂层加工分支中江苏、湖南、广东、北京等省份也较有优势。

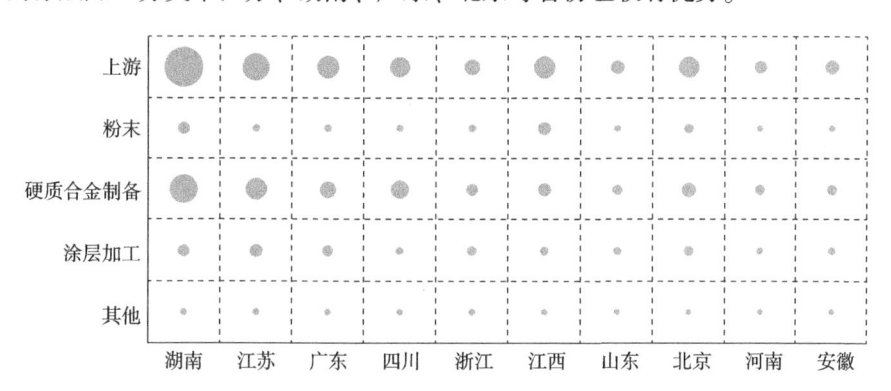

图3-2-1 全国主要省份硬质合金产业上游技术分支专利申请量分布

因此，综合来看，湖南在上游的专利申请总量上有一定的优势，在上游的硬质合金制备分支上优势最大，在粉末分支和涂层加工分支也有一定的优势。

图3-2-2为全国硬质合金产业主要省份中游技术分支专利申请量分布情况，可以看出，湖南在中游的分布上处于领先地位，江苏也占据一定专利优势，广东、四川和浙江在中游分布也较为突出，另外江西、山东、河南和安徽也有一定优势，北京在中游专利申请量相对偏少。具体从技术分支来看，大部分省份在切削刀片分支分布较多，在轧辊分支主要省份专利

申请量基本相当，在硬质合金棒型材分支上江苏、湖南较为突出，在硬质合金板材分支上主要省份分布基本相当，在凿岩硬质合金分支上湖南、江苏、浙江较为突出。

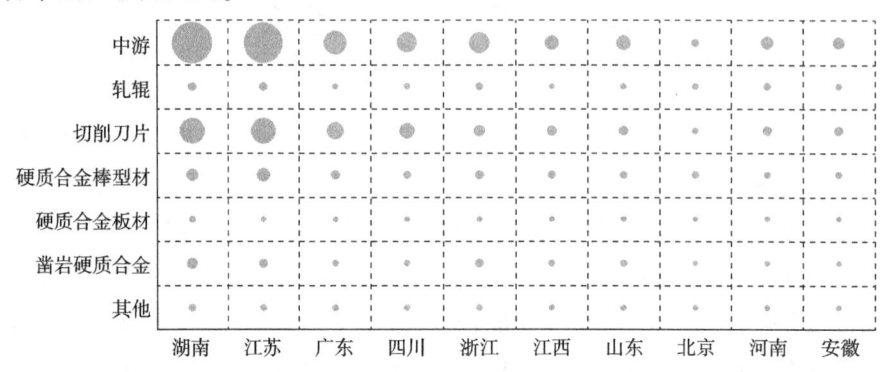

图 3-2-2　全国主要省份硬质合金产业中游技术分支专利申请量分布

因此，综合来看，湖南在中游的专利申请总量上有一定的优势，但与江苏差别不大，在中游的切削刀片分支上与除江苏之外的省份相比优势最大，其次在硬质合金棒型材、凿岩硬质合金等分支上有一定的优势。

图 3-2-3 为全国硬质合金产业主要省份下游技术分支专利申请量分布情况，可以看出，湖南和江苏在下游的分布上处于领先地位，广东、四川、浙江、北京等在下游分布也较为突出。具体从技术分支来看，大部分省份在工程机械分支和勘探采掘分支上分布较多，如湖南、江苏、广东、四川等；在航天航空分支上江苏、湖南和北京较有优势，在风力发电上主要省份分布量相差不大，在汽车制造分支上江苏较为突出，在工程机械分支上湖南、江苏较为突出，在勘探采掘分支上湖南较为突出，在电子通信、军工、3D 打印等分支上各主要省份专利申请量分布相差不大。

因此，综合来看，湖南在下游的专利申请总量上有一定的优势，但与江苏相比，稍稍偏弱，在下游的工程机械分支和勘探采掘分支上优势较为明显。

表 3-2-1 为硬质合金产业主要国家和省份与湖南各技术分支专利申请量占比对比（表中数据为湖南与比较对象的技术分支专利申请量占比差，余同），可以看出，在上游的分支中，湖南在涂层加工分支上整体偏弱（负值为湖南相对偏弱的分支），与主要国家和主要省份相比均有一定的差距，尤其与日本和美国差距较大；在粉末分支上与美国有一定的差距，但在硬质合金制备分支上有一定的优势。在中游的分支上，湖南主要在切削

刀片上整体偏弱，与主要国家日本、美国和主要省份江苏、广东相比均有一定差距，尤其与日本和美国差距较大，但在凿岩硬质合金分支上较有优势，另外在硬质合金板材分支、硬质合金棒型材分支和轧辊分支上相对部分国家和省份有优势。在下游分支上，湖南相对日本和美国仅在风力发电上稍有弱势，在其他分支上均有优势，尤其勘探采掘分支优势明显，但与全国和主要省份相比，在航天航空、风力发电、汽车制造、工程机械、电子通信、军工分支上均呈弱势，且在航天航空和汽车制造分支上差距更大一些，另外在勘探采掘和3D打印上占比偏高。

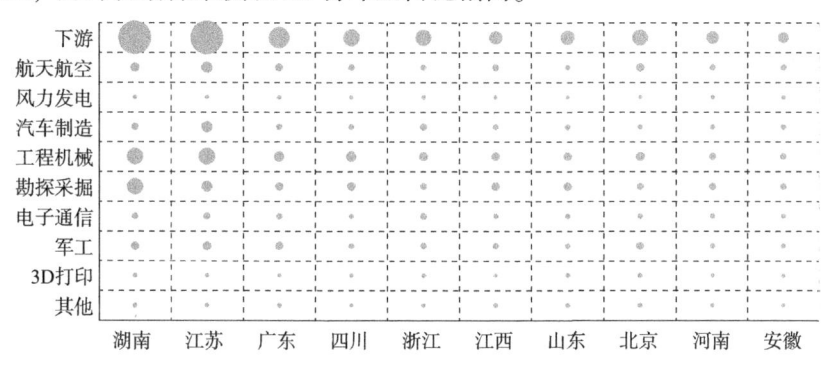

图 3-2-3　全国主要省份硬质合金产业下游技术分支专利申请量分布

综合来说，湖南在上中下游各技术分支专利申请量占比分布上，与国内主要省份差别不大，但与国外主要国家有一定差别，具体在上游的涂层加工分支和中游的切削刀片分支上占比与国外相比明显偏少，在下游的勘探采掘和分支工程机械分支上占比偏多。与国内主要省份相比，在上中下游分支中均有比重稍微偏强的分支，也有稍微偏弱的分支，例如湖南在上游的涂层加工分支上分布稍微偏弱，但在硬质合金制备分支和粉末分支上布局偏强，在中游的轧辊分支和切削刀具分支上稍有偏弱，在硬质合金板材分支和凿岩硬质合金分支上偏强，在下游的航天航空、风力发电、汽车制造、工程机械、电子通信、军工分支分布上偏弱，但在勘探采掘和3D打印上稍强。

表 3-2-2 为近 5 年热门国家和地区硬质合金产业上中下游技术分支专利申请量占比（负值部分为湖南相对偏弱的分支），可以看出，从自身对比来看，湖南近 5 年硬质合金产业结构并未有较多调整，仅在下游的勘探采掘分支上稍有减弱。

表 3-2-1 硬质合金产业技术分支主要国家和省份与湖南专利申请量占比对比

单位：百分点

产业链	上游				中游				下游						
技术分支	粉末	硬质合金制备	涂层加工	其他	轧辊	切削刀片	硬质合金棒型材	硬质合金板材	凿岩硬质合金	其他	航天航空	风力发电	汽车制造	工程机械	勘探采掘	电子通信	军工	3D打印	其他
湖南VS日本	1.2	3.0	-26.0	1.2	0.3	-17.9	2.3	-0.1	4.0	1.3	3.4	-0.4	1.6	8.2	12.8	0.4	4.0	0.5	0.3
湖南VS美国	-5.0	5.9	-16.4	1.1	0.5	-18.0	-3.4	0.4	1.7	1.4	2.9	-0.4	2.2	10.9	10.5	0.8	3.5	0.4	0.7
湖南VS全国	0.6	2.1	-2.7	0.5	-0.2	0.5	0.1	0.1	1.3	0.6	-1.6	-0.1	-2.3	-0.5	3.3	-1.4	-1.0	0.3	0
湖南VS江苏	3.0	4.0	-1.3	0.6	-0.2	-1.6	-1.8	0.1	1.4	0.4	-2.5	-0.1	-5.4	-1.0	5.4	-1.0	-0.8	0.4	-0.1
湖南VS广东	1.9	1.4	-1.7	0.3	0.5	-0.8	-0.4	0.1	2.9	0.3	-2.4	0	-2.1	-0.2	5.9	-2.5	-3.5	0.2	-0.4

第 3 章 湖南省硬质合金产业发展定位

表 3-2-2 近 5 年主要国家和省份硬质合金产业链上中下游技术分支专利申请量占比比较

单位：百分点

产业链		上游			中游					下游							
技术分支	粉末	硬质合金制备	涂层加工	其他	轧辊	切削刀片	硬质合金棒型材	硬质合金板材	凿岩硬质合金	其他	航天航空	风力发电	汽车制造	工程机械	勘探采掘	电子通信	军工	3D打印	其他
自身比较	全部 VS 湖南	4.7	15.0	4.1	1.3	2.9	17.0	5.8	0.6	4.7	1.6	4.8	0.1	3.2	12.6	13.2	2.7	4.2	0.5	0.7
	近5年湖南	4.4	16.3	4.8	1.4	2.6	18.0	6.2	0.8	3.0	1.2	5.5	0.2	2.6	12.5	11.0	3.1	4.8	0.9	0.5
	近5年 VS 全部	-0.3	1.3	0.7	0.1	-0.3	1.0	0.4	0.2	-1.7	-0.4	0.7	0	-0.6	0	-2.2	0.4	0.5	0.4	-0.2
外部比较（均为近5年）	湖南 VS 日本	-1.2	11.5	-22.0	1.2	1.3	-27.0	3.5	0.7	2.3	0.9	3.0	-0.2	2.3	6.9	10.0	1.1	4.4	0.9	0
	湖南 VS 美国	-2.9	8.6	-12.2	1.4	-0.1	-23.9	0.2	0.8	2.3	1.2	1.8	-1.8	1.6	9.9	7.3	0.8	4.1	0.2	0.5
	湖南 VS 中国	-0.1	3.0	-1.2	0.3	-0.3	1.1	0.3	0.3	0	-0.2	-1.6	-0.1	-2.2	-0.6	2.5	-0.5	-1.2	0.5	-0.3

续表

产业链		上游				中游				下游					
技术分支	粉末	硬质合金制备	涂层加工	其他	轧辊	切削刀片	硬质合金棒型材	硬质合金板材	矿岩硬质合金	其他	航天航空	风力发电	汽车制造	工程机械	勘探采掘	电子通信	军工	3D打印	其他
外部对比（均为近5年）湖南 VS 江苏	2.9	8.2	-1.9	0.6	-0.1	-6.7	-2.5	0.4	-1.0	-0.4	-1.2	-0.1	-3.4	-0.3	5.1	0.1	-0.4	0.8	-0.5
湖南 VS 广东	1.4	3.3	-0.3	0.3	0.3	-1.8	-1.4	0.3	1.4	-0.2	-2.0	0	-2.8	0.1	4.1	-0.4	-2.4	0.7	-0.9

3.3 企业创新实力定位

本节主要根据国内硬质合金产业创新主体专利申请数据，对主要创新主体专利申请情况、主要创新主体上中下游创新实力情况等进行分析。

表3-3-1为硬质合金产业上中下游专利申请量排名靠前的申请人情况，产业上中下游分别选取国内前10申请人和国外在华前3的申请人进行分析。从上游申请人地域来看，湖南申请人有三家上榜，北京和四川有两家，且排名第一和第三的申请人均为湖南申请人。国外的三菱、山特维克、肯纳金属分别位于上游的第二、第四和第五名，说明其在华专利在上游有较多的布局，且超过国内大部分排名靠前的企业，需要格外重视。

表3-3-1 硬质合金产业上中下游专利申请量排名靠前的申请人情况

	申请人	省份	专利申请量/件	有效专利量/件	有效专利量占比/%
上游	株硬	湖南	203	94	46.3
	三菱	—	179	106	59.2
	中南大学	湖南	150	46	30.7
	山特维克	—	89	37	41.6
	肯纳金属	—	88	34	38.6
	北京科技大学	北京	86	23	26.7
	自贡硬质合金	四川	74	30	40.5
	北京工业大学	北京	71	41	57.7
	株钻	湖南	67	42	62.7
	崇义章源钨业股份有限公司	江西	49	27	55.1
	四川大学	四川	46	22	47.8
	合肥工业大学	安徽	40	11	27.5
	厦门钨业股份有限公司	福建	35	15	42.9

续表

	申请人	省份	专利申请量/件	有效专利量/件	有效专利量占比/%
中游	山特维克	—	385	144	37.4
	三菱	—	302	167	55.3
	株硬	湖南	212	121	57.1
	株钻	湖南	185	107	57.8
	肯纳金属	—	162	47	29.0
	河源富马	广东	92	37	40.2
	浙江恒成硬质合金有限公司	浙江	67	28	41.8
	南昌佰仕威新材料科技有限公司	江西	46	5	10.9
	杨康宁	湖南	37	0	0
	河源正信硬质合金有限公司	广东	37	12	32.4
	株洲华锐精密工具股份有限公司	湖南	35	22	62.9
	沈阳飞机工业（集团）有限公司	辽宁	33	2	6.1
	株洲欧科亿数控精密刀具股份有限公司	湖南	31	23	74.2
下游	株硬	湖南	230	132	57.4
	中南大学	湖南	113	50	44.2
	山特维克	—	93	30	32.3
	肯纳金属	—	86	16	18.6
	北京科技大学	北京	80	26	32.5
	自贡硬质合金	四川	71	34	47.9
	北京工业大学	北京	67	40	59.7
	西迪技术股份有限公司	湖南	59	41	69.5

续表

	申请人	省份	专利申请量/件	有效专利量/件	有效专利量占比/%
下游	河源富马	广东	53	16	30.2
	株钻	湖南	47	26	55.3
	三菱	—	46	21	45.7
	王喜冬	河北	44	19	43.2
	崇义章源钨业股份有限公司	江西	40	22	55.0

从有效专利量来看，三菱的有效专利量最多，达106件，其次株硬为94件，其他申请人的有效专利量均在50件以下。从有效专利量占比来看，株洲钻石切削刀具股份有限公司（以下简称"株钻"）有效专利占比最多，达到62.7%，其次为三菱59.2%，株硬为46.3%，处于中上水平。另外有三家高校有效专利量占比低于31%，分别为中南大学30.7%、北京科技大学26.7%、合肥工业大学27.5%。这也说明企业在专利维护管理上可能比高校更到位。

总之，从上游的企业创新实力来看，湖南不管是排名靠前的企业数量还是有效专利量均处全国前列，企业创新实力较强。北京、四川的企业创新实力也较为突出。国外龙头企业三菱、山特维克、肯纳金属在上游的专利申请量和有效专利量也都较为靠前，在中国的创新实力不容小觑。中国的高校在创新上较强但在有效专利维护上有待加强。

从中游申请人来看，湖南申请人有五家上榜，广东有两家，且排名第三和第四的申请人均为湖南申请人。国外的三菱、山特维克、肯纳金属分别位于中游的第一、第二和第五名，说明其在华专利在中游仍有较大的布局，且超过国内大部分排名靠前的企业，需要格外重视。

从有效专利量来看，三菱有效专利最多，达167件，其次为山特维克144件，株硬和株钻分别为121件和107件，而肯纳金属虽排名第五但有效专利量仅有47件，其他申请人有效专利量均在40件以下。从有效专利量占比来看，株洲欧科亿数控精密刀具股份有限公司有效专利量占比最多，达到74.2%，之后为株洲华锐精密工具股份有限公司62.9%，株硬和株钻分别为57.1%和57.8%，三菱为55.3%。有三家申请人有效专利量占比低于10%，分别为南昌佰仕威新材料科技有限公司10.9%、沈阳飞机工业（集团）有限公司6.1%、杨康宁为0。这也说明湖南企业的有效专利量占比较为靠前，技术市场控制力较好，而国外企业对中国的市场也较为看重，不仅中游专利量布局较多，且保有率在40%~50%，比大部分中国企业还要重视，其技术控制力不可小觑。中游排名靠前的均为企业申请人，未见高校，说明中游是本产业领域主要的市场竞争领域，需重点布局防控。

从下游申请人地域来看，湖南申请人有四家上榜，北京有两家，且排名第一和第二的申请人均为湖南申请人。国外的山特维克、肯纳金属、三菱分别位于下游的第三、第四和第十一名，说明其在华专利在下游仍有较大的布局，而山特维克和肯纳金属在上中下布局较为均衡，三菱在上游和中游布局较多，在下游偏弱。

从有效专利量来看，株硬最多，达132件，其次为中南大学50件，山特维克和肯纳金属分别为30件和16件，其他申请人有效专利量均在50件以下。从有效专利量占比来看，西迪技术股份有限公司最多，达到69.5%，其次为北京工业大学59.7%，之后的株硬和株钻分别为57.4%和55.3%，崇义章源钨业股份有限公司为55.0%；有一家申请人有效专利量占比低于20%，为肯纳金属公司18.6%，虽没到退出市场的地步，但明显感觉在下游领域有缩减的趋势；三菱虽在下游有效专利量不高，但有效专利量占比达到45.7%，并不算少。

综合下游申请人创新实力来看，湖南申请人创新实力仍为最强，不管是上榜申请人数量，还是专利申请量或有效专利量均排在第一；北京在下游主要是以高校创新为主；国外申请人部分有减弱趋势，但总体上有效专利仍有一定的市场控制力。

下面分析专利申请量排名前五的申请人创新竞争实力情况。

图3-3-1为硬质合金产业上游专利申请量前五的申请人创新竞争实力图，横坐标为专利申请量（代表创新实力），纵坐标为有效专利量（代表竞争实力）。可以看出，三菱和株硬整体创新竞争实力最强，其次为中南大学，而三特维克和肯纳金属稍弱。

图3-3-2为硬质合金产业中游专利申请量前五的申请人创新竞争实力，

横坐标为专利申请量（代表创新实力），纵坐标为有效专利量（代表竞争实力）。可以看出，山特维克和三菱整体创新竞争实力最强，其次为株硬和株钻，肯纳金属稍弱。

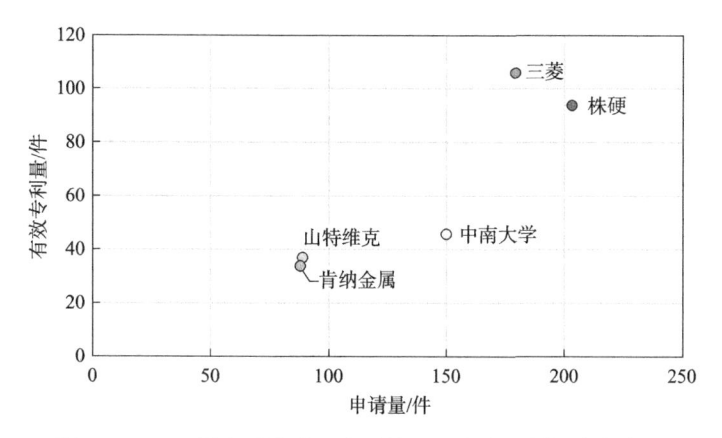

图 3-3-1　上游专利申请量专利前五的申请人创新竞争实力

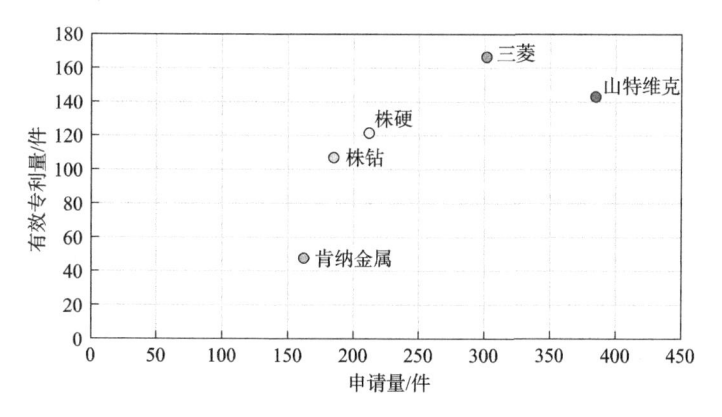

图 3-3-2　中游专利申请量专利前五的申请人创新竞争实力

图 3-3-3 为硬质合金产业下游专利申请量排名前五的申请人创新竞争实力，横坐标为专利申请量（代表创新实力），纵坐标为有效专利量（代表竞争实力）。可以看出，株硬和山特维克创新实力最强，但山特维克竞争实力已远低于株硬，其次为中南大学，之后为北京科技大学和肯纳金属，二者创新竞争实力较接近。

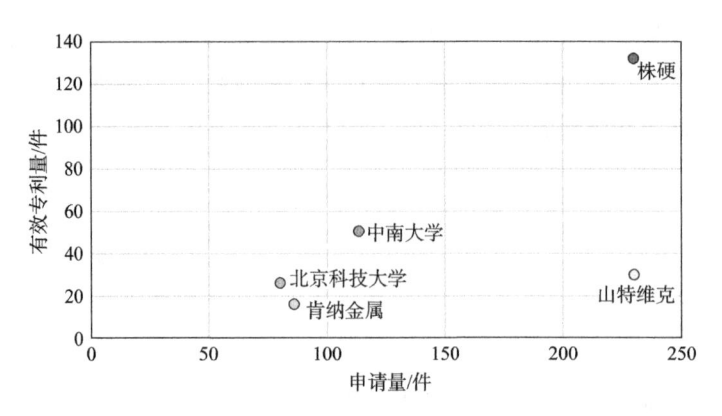

图 3-3-3　为下游专利申请量专利前五的申请人创新竞争实力

3.4　产学研合作情况

本节主要根据硬质合金产业全国专利申请数据，对全国主要省份专利创新来源、全国产学研合作关系以及主要省份产学研合作趋势等进行分析。

表3-4-1为硬质合金产业国内主要省份专利申请来源情况。从表3-4-1可以看出，湖南和江苏专利申请量相差不大，均以企业专利申请为主，湖南和江苏是企业专利申请量最大的省份，专利申请量基本在2 000件左右；其次，广东、四川、浙江、江西、山东、河南和安徽也均以企业专利申请为主，但专利申请量在1 000件以下；北京较为特殊，以高校/研究所专利申请为主。高校/研究所专利申请量较为突出的是北京、湖南和广东，专利申请量均超过200件。

表3-4-1　国内主要省份专利申请来源情况

省份	专利申请量/件	企业专利申请量/件	高校/研究所专利申请量/件	个人专利申请量/件	企业专利申请量占比/%	高校/研究所专利申请量占比/%
湖南	2 488	2 042	278	168	82.1	11.2
江苏	2 242	1 926	171	143	85.9	7.6

续表

省份	专利申请量/件	企业专利申请量/件	高校/研究所专利申请量/件	个人专利申请量/件	企业专利申请量占比/%	高校/研究所专利申请量占比/%
广东	1 371	1 060	225	85	77.3	16.4
四川	1 103	871	186	46	79.0	16.9
浙江	1 071	885	100	86	82.6	9.3
江西	835	732	82	21	87.7	9.8
山东	694	482	138	73	69.5	19.9
北京	669	258	356	55	38.6	53.2
河南	567	416	113	38	73.4	19.9
安徽	503	399	79	25	79.3	15.7

企业专利申请量占比较高的为江西、江苏、浙江、湖南，占比均在80%以上，其他省份差别不大，均在70%左右，但北京仅为38.6%。高校/研究所专利申请量占比较高的为北京、河南和山东，其中北京占比达到53.2%，另外两家占比均为19.9%，江苏、浙江和江西相对偏少，在10%以下。

综合来看，湖南、江苏在企业专利申请量和占比均在全国排名前列，高校/研究所专利申请量排名最靠前的为北京，其次为湖南。

下面分析高校与企业的专利合作申请情况。

图3-4-1为全国企业和高校专利合作申请情况，可以看出，专利合作较多的为三菱与东京工业大学、静冈大学之间的合作，其次为宁波三韩合金材料有限公司与青岛理工大学的合作，第三为广东长盈精密技术有限公司与东莞理工学院的合作，第四为华南理工大学与科益展智能装备有限公司和汇专科技集团股份有限公司的合作。另外，中南大学与自贡硬质合金有一定合作，北京科技大学与厦门金鹭特种合金有限公司有一定合作，四川轻化工大学与自贡硬质合金也有部分合作。

图3-4-2为全国产学研合作主要省份趋势图，可以看出主要省份产学研合作趋势并不明显，相对来说北京的产学研合作最多，基本每年都有相关产出，近三年北京产学研有增长趋势；广东产学研合作主要集中在2019年左右，近三年较少；四川和湖南近三年产学研趋势类似，较为平稳；山

东和江西近三年较为稳定。

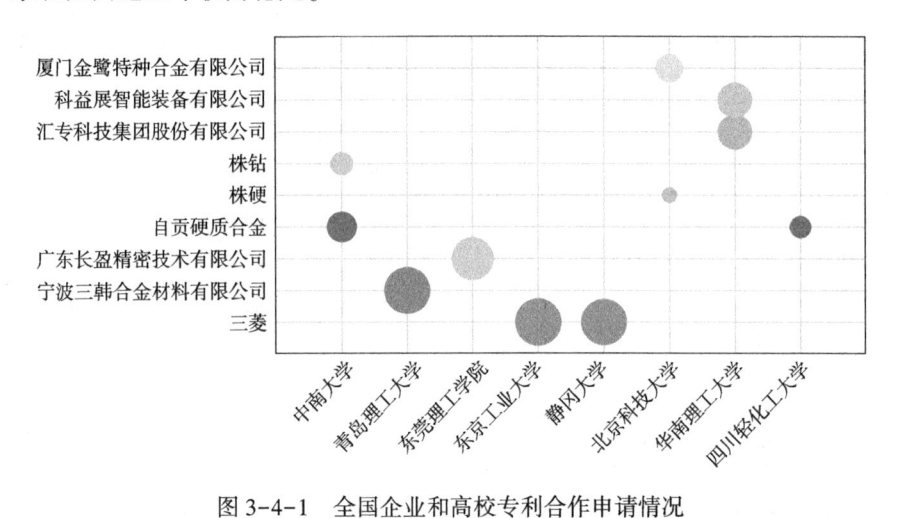

图 3-4-1　全国企业和高校专利合作申请情况

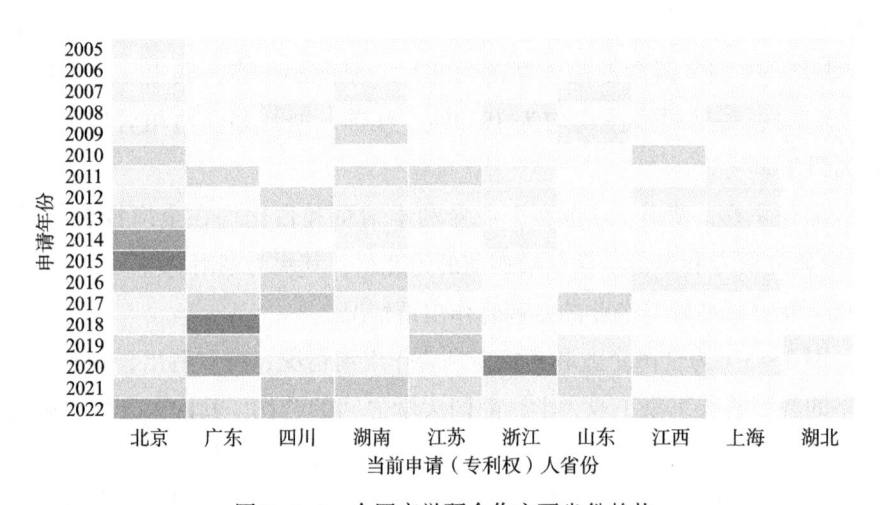

图 3-4-2　全国产学研合作主要省份趋势

注：图中色块的深浅与专利数量的多少成正比。

综合来说，北京产学研做得最好，在连续性和专利申请量上均领先；广东前些年发展趋势较好，近几年不明显；四川、湖南、浙江、山东和江西近几年均不多。因此，相对来说湖南企业专利申请量较多，但主要为企业自主研发，未来湖南企业可以多与北京的高校/研究所进行产学研合作。

3.5 专利运营实力定位

本节主要根据硬质合金产业全国专利转移、质押、许可和诉讼的专利数据,对全国专利运营地域分布、主要省份专利运营类型等进行分析。

图 3-5-1 为硬质合金产业全国专利运营地域分布,可以看出,湖南的专利运营数量遥遥领先,相关专利约 180 件,属于第一梯队;江苏、浙江、广东和山东专利运营数量在 100 件左右,属于第二梯队;北京、河北、江西、四川和湖北专利运营数量在 50 件左右,属于第三梯队。

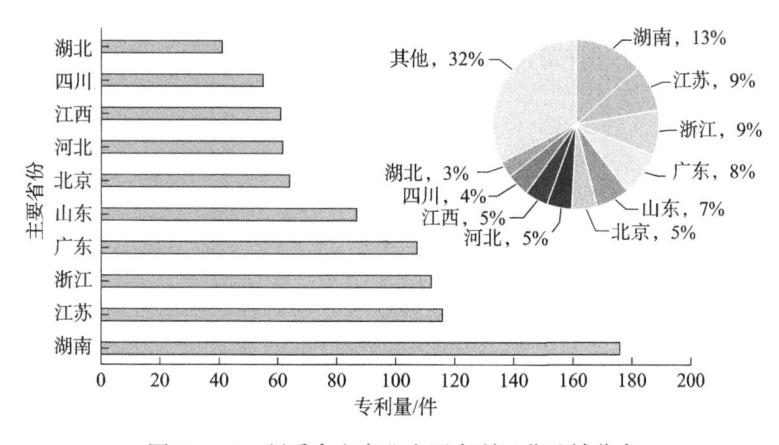

图 3-5-1 硬质合金产业全国专利运营地域分布

从专利量占比来看,湖南运营专利占全国的 13%,江苏、浙江、广东和山东分别为 9%、9%、8% 和 7%,而北京、河北、江西、四川和湖北占比分别为 5%、5%、5%、4%、3%;排名前 10 的省份占比达到全国的 68%,相对来说较为集中。

下面分析主要省份专利运营的类型。

图 3-5-2 为硬质合金产业主要省份专利运营类型情况,可以看出,主要省份发生最多的运营事件为转让,占比达到 50% 以上,其次为质押,然后是许可,诉讼占比最小,河北运营的专利中较多为专利许可,占比接近

转让的专利数量，可以对河北许可专利进行学习。

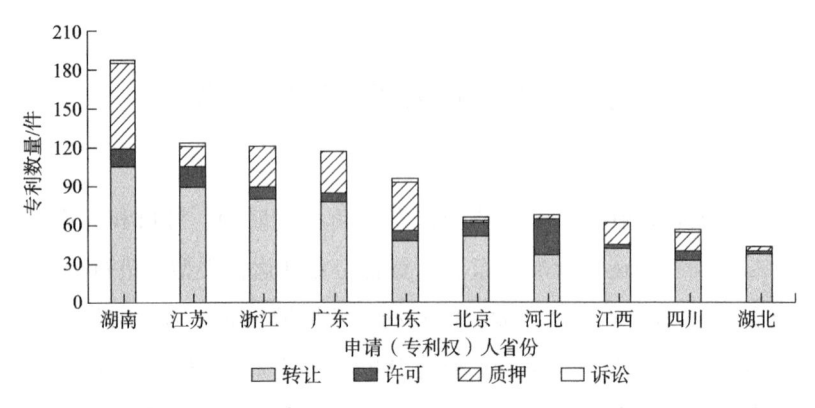

图 3-5-2　硬质合金产业主要省份专利运营类型情况

总体来说，湖南在专利运营数量上较有优势，优势主要在专利转让和专利质押上；在专利许可上河北表现较突出，其他各省份相差不大。

3.6　小　结

3.6.1　湖南与全国上中下游结构分布类似，上中下游基本呈 1∶1∶1 分布

全球主要国家/地区更看重上游和中游技术，下游涉及较少；近5年湖南产业结构并未有较多调整，仅在下游的勘探采掘上稍有减弱。

全国硬质合金产业主要分布在我国中部和南部地区，其中湖南和江苏技术优势明显。湖南在上中下游全面发展，江苏和广东略侧重下游，江西主要集中在上游。

3.6.2 近5年湖南产业发展有所放缓，广东、江西和江苏有追赶之势

广东、江西、江苏近5年专利占比增长较多，在60%左右，而湖南、四川、浙江、山东和安徽近5年占比高于全国近5年平均水平，均在50%左右，另外北京和河南近5年占比低于全国近5年平均水平。

3.6.3 湖南在产业上游、中游、下游的专利申请分布强弱有别

就湖南自身情况来看，湖南在产业上游涂层加工分支和粉末分支专利申请分布较少，在硬质合金制备分支分布较多；在中游硬质合金板材分支和轧辊分支分布较少，在切削刀片分支分布较多；在下游风力发电分支、3D打印分支、电子通信分支分布较少，在工程机械分支和勘探采掘分支分布较多。

就湖南与主要国家产业各分支专利申请量占比来看，湖南在上游的涂层加工分支和中游的切削刀片分支上占比明显偏少，在下游的勘探采掘和工程机械分支上占比偏多。

就湖南与主要省份产业各技术分支专利申请量占比来看，湖南在上游的涂层加工分支占比稍微偏少，在硬质合金制备分支和粉末分支占比偏多；在中游的轧辊分支和切削刀具分支占比偏少，在凿岩硬质合金分支和硬质合金板材分支占比偏多；在下游的航天航空分支、风力发电分支、汽车制造分支、工程机械分支、电子通信分支、军工分支占比偏少，但在勘探采掘分支占比明显偏多。

3.6.4 湖南企业在上中下游创新实力排名均较为靠前

湖南在上游的创新实力较强，在中游的有效专利量占比较多，技术市场控制力较好，在下游创新实力仍为最强，不管是上榜的申请人数量、专

利申请量或有效专利量,均排在国内第一。

此外,北京、四川企业在上游创新实力也较好,国外龙头企业三菱、山特维克、肯纳金属在上游的创新实力也不容小觑,中国高校在创新上较强但在专利维护上有待加强。国外企业在中游的专利布局较多,且保有率在40%~50%,技术控制力强。产业中游专利申请量排名靠前的均为企业申请人,未见高校,说明中游是产业主要的市场竞争领域,需重点布局防控。北京在下游主要是以高校创新为主,国外申请人有减弱趋势,但总体有效专利量不少,仍有一定的市场控制力。

3.6.5　湖南产学研合作状况一般

北京产学研专利合作做得最好。湖南企业专利申请量较多,主要为企业自主研发,可以多与北京的高校/研究所进行产学研合作。湖南、江苏的企业专利申请量和占比量均在全国排名前列。高校/研究所专利申请量排名最靠前的为北京,其次为湖南。产学研专利合作较多的主要省份为北京、山东、广东、四川和湖南,其中北京的产学研专利合作在连续性和专利数量上均领先。

3.6.6　湖南在专利运营数量上有优势

湖南在专利运营类型上主要涉及专利转让和专利质押;其他省份的专利许可数量相差不大,河北相对较突出。

第4章

区域硬质合金产业发展路径分析

4.1 产业布局结构优化方向分析

图4-1-1展示了我国主要省份硬质合金专利申请量与硬质合金企业数量分布情况。从专利申请量分布情况可以看到，硬质合金产业专利申请主要来自中部和南部地区，其中湖南和江苏较为突出。结合国内硬质合金企业数量分布来看，湖南的企业数量在全国排名前列，说明湖南省硬质合金产业市场与专利匹配情况一致。

图4-1-2展示了湖南省各地市硬质合金产业专利申请量情况，可以看到株洲市以1 869件相关专利申请量位居第一，专利申请量远高于湖南省其他地市。从第1章的市场分析可知，株洲的硬质合金产量在全国行业占比超四成，产业规模位居亚洲第一，世界第三。结合专利申请数据和市场数据，综合来看株洲专利申请规模与株洲产业规模相符。

如图4-1-3所示，将株洲与主要省份、主要国家在产业链中下游结构进行对比，发现各区域产业结构分布的特点如下。

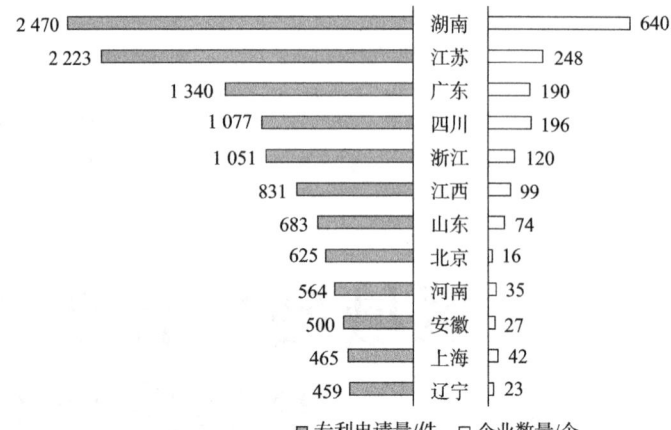

```
2 470   湖南    640
2 223   江苏    248
1 340   广东    190
1 077   四川    196
1 051   浙江    120
  831   江西     99
  683   山东     74
  625   北京     16
  564   河南     35
  500   安徽     27
  465   上海     42
  459   辽宁     23
```
■ 专利申请量/件   □ 企业数量/个

图 4-1-1 中国主要省份硬质合金专利申请量与硬质合金企业数量

数据来源：2022 年中国硬质合金企业大数据全景图谱——截至 2022 年中国硬质合金企业数量区域分布[EB/OL].（2022-08-11）[2023-07-20]. https://baijiahao.baidu.com/s?id=1740830829643082202&wfr=spider&for=pc.

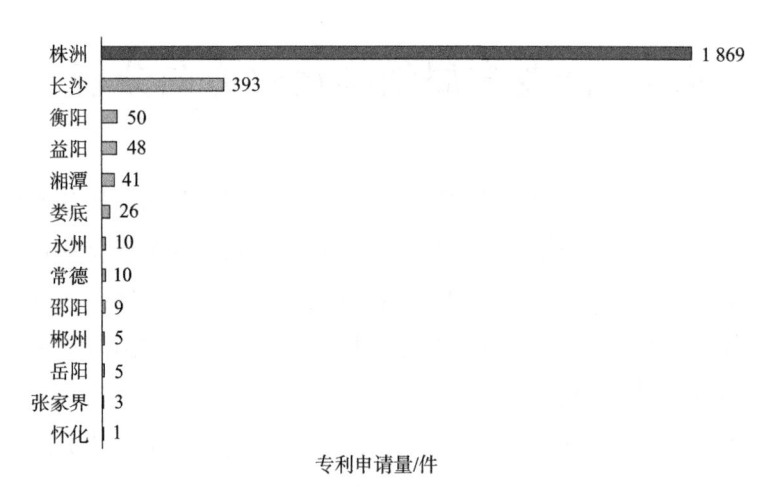

```
株洲     1 869
长沙       393
衡阳        50
益阳        48
湘潭        41
娄底        26
永州        10
常德        10
邵阳         9
郴州         5
岳阳         5
张家界       3
怀化         1
```
专利申请量/件

图 4-1-2 湖南省各地市硬质合金产业专利申请量

（1）专利申请分布上，株洲与江苏和广东均侧重中下游，中下游专利申请量占比之和均在 75% 以上；全球主要国家，例如日本和美国与株洲结构差异较大，主要以上游和中游为主，下游应用专利申请量较少，基本在 10% 左右。

（2）江苏、广东这两个主要省份的产业上中下游专利申请量分布，分别

第4章 区域硬质合金产业发展路径分析

为2.5∶3.5∶4和1∶2∶2，而株洲的上中下游专利申请量分布约为2∶4∶3，依据该对比情况，可发现株洲在上游专利布局相对偏弱。

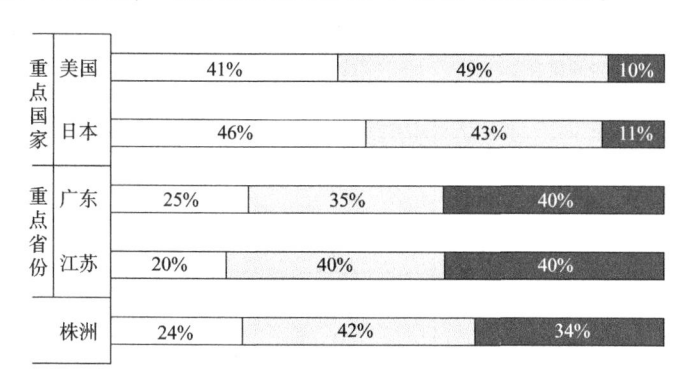

重点国家	美国	41%	49%	10%
	日本	46%	43%	11%
重点省份	广东	25%	35%	40%
	江苏	20%	40%	40%
	株洲	24%	42%	34%

□ 上游　□ 中游　■ 下游

图4-1-3　株洲与主要省份、主要国家产业链结构对比

表4-1-1进一步展示了株洲、中国及全球在硬质合金产业各技术分支的专利申请量分布差异。同时为清晰展现区域硬质合金产业各技术分支的专利分布结构，对上述三个区域的上、中、下游分别进行归一化处理❶，并以气泡的形式展现，其中气泡大小代表该技术在所在产业链结构中的专利申请量占比大小，具体如图4-1-4所示。

表4-1-1　株洲、中国及全球在硬质合金产业各技术

分支的专利申请量分布　　　　　　单位：件

	区域	株洲	中国	全球
上游	粉末	118	1 114	2 628
	硬质合金制备	325	3 450	6 086
	涂层加工	113	1 811	7 481
	其他	38	196	217
中游	轧辊	82	826	1 383
	切削刀片	575	4 415	12 412
	硬质合金棒型材	183	1 539	2 984

---

❶ 将各技术分支的专利申请量处理为各技术分支在上中下游的专利申请量占比。

续表

	区域	株洲	中国	全球
中游	硬质合金板材	18	142	248
	凿岩硬质合金	129	907	1 466
	其他	57	271	318
下游	航天航空	111	1 731	2 097
	风力发电	1	63	171
	汽车制造	94	1 461	1 755
	工程机械	347	3 520	4 313
	勘探采掘	352	2 663	3 184
	电子通信	69	1 097	1 645
	军工	93	1 405	1 532
	3D 打印	15	52	59
	其他	23	169	226

结合表 4-1-1 和图 4-1-4，整体而言，株洲、中国及全球的硬质合金产业各技术分支结构分布相似。经具体分析，发现：

（1）在上游，株洲在硬质合金制备分支上专利布局优势明显，然而涂层加工分支相对较弱，尤其是在该技术领域的专利申请量占比上，株洲不及中国和全球的整体水平。

（2）中游的凿岩硬质合金、硬质合金棒型材以及切削刀片技术分支是株洲的布局重点，其中在切削刀片技术分支上储备了最多的专利。但对比中国和全球中游各技术分支专利申请量的占比情况，经计算可知全球切削刀片专利申请量占全球中游专利申请总量的 66%，中国切削刀片专利申请量占中国中游专利申请总量的 55%，株洲切削刀片专利申请量占株洲中游专利申请总量的 55%。因此，从结构占比的角度来看，株洲在切削刀片领域弱于全球水平，需进一步增强该方面的研发与布局。

（3）在下游，株洲在工程机械分支和勘探采掘分支上优势明显，其中在勘探采掘分支上技术优势突出，而在电子通信、军工、航天航空和汽车制造分支上布局偏弱，风力发电应用方向属于布局短板。

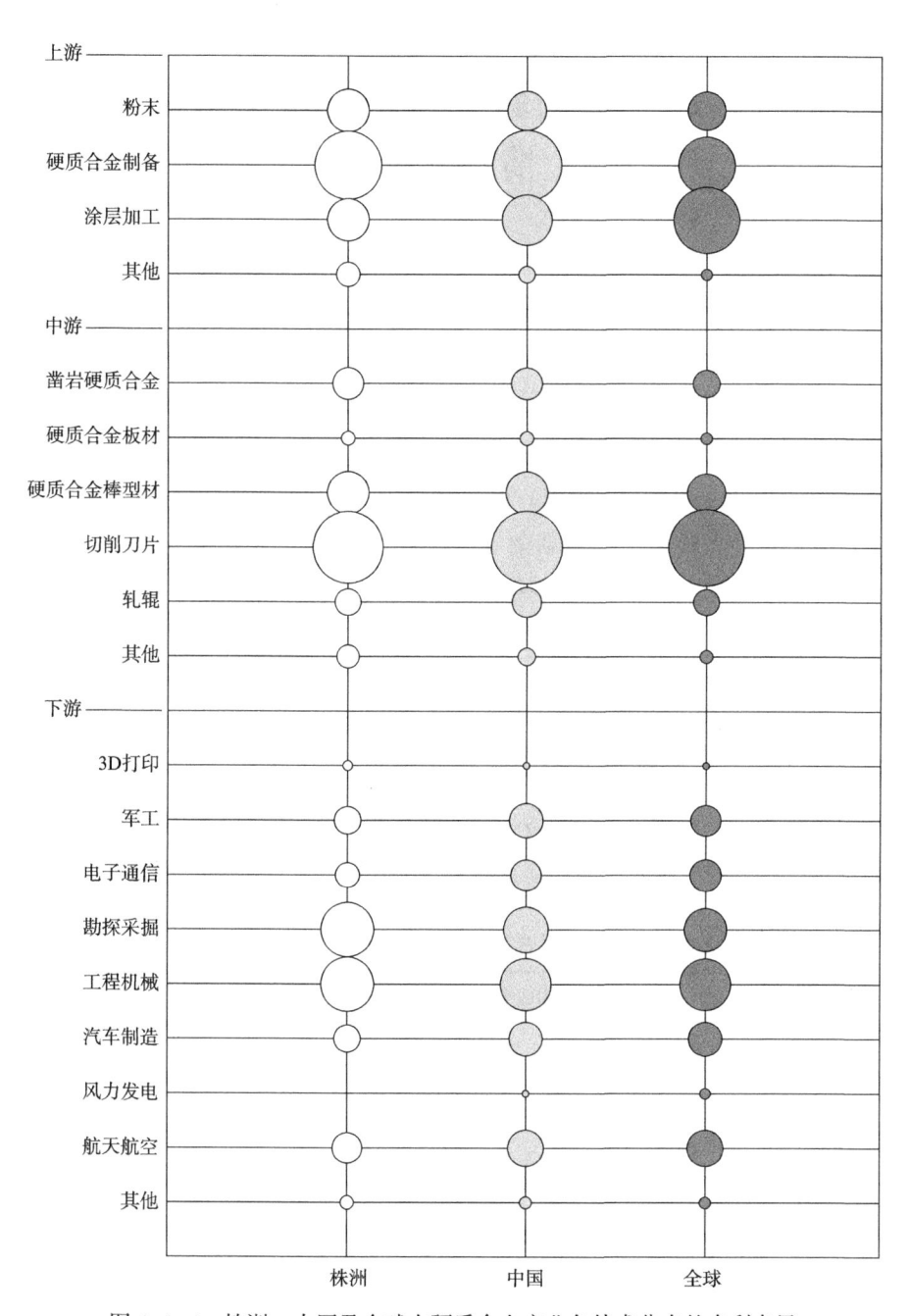

图 4-1-4 株洲、中国及全球在硬质合金产业各技术分支的专利布局

4.2 产业链创新主体培育及引进路径情况分析

4.2.1 产业链优势环节重点创新主体

根据4.1节的分析结果,针对产业链上优势环节(上游的硬质合金制备技术,中游的凿岩硬质合金、硬质合金棒型材和切削刀片技术,下游的工程机械和勘探采掘应用领域)的有效及处于实质审查阶段的专利,进行湖南省内申请人排名,列出湖南省内优势企业和高校/研究所,并对有关企业、高校/研究所的相关专利按第一发明人排名,以此发掘重点发明人。最后将上述企业、高校/研究所和重点发明人列为本区域硬质合金产业重点培育对象。

4.2.1.1 硬质合金制备技术优势创新主体及发明人

对湖南省关于硬质合金制备技术方面有效及处于实质审查阶段的专利数量进行统计,列出省内优势创新主体及发明人情况,具体名单见表4-2-1。

表4-2-1 湖南省硬质合金制备技术创新主体有效/审中专利量

类别	序号	当前申请(专利权)人	专利量/件
企业	1	株硬	76
	2	株洲金韦硬质合金有限公司	12
	3	株钻	11
	4	株洲联信金属有限公司	6
	5	西迪技术股份有限公司	5
		株洲精工硬质合金有限公司	5
高校	1	中南大学	41
	2	湖南科技大学	3

续表

类别	序号	当前申请（专利权）人	专利量/件
高校	3	湖南大学	3
		湘潭大学	3
重要发明人			
第一发明人	专利量/件		所在高校
张立	6		中南大学
罗丰华	6		中南大学
刘文胜	3		中南大学
张乾坤	3		湘潭大学
韩勇	3		中南大学
马运柱	3		中南大学
刘咏	2		中南大学

4.2.1.2 凿岩硬质合金优势创新主体及发明人

对湖南省关于凿岩硬质合金技术有效及处于实质审查阶段的专利量进行统计，列出省内优势创新主体及发明人情况，具体名单见表 4-2-2（无高校申请人）。

表 4-2-2　湖南省凿岩硬质合金创新主体有效/审中专利量

类别	序号	当前申请（专利权）人	专利量/件
企业	1	株硬	33
	2	株洲长江硬质合金工具有限公司	5
	3	西迪技术股份有限公司	4
		株洲肯特硬质合金股份有限公司	4

4.2.1.3 硬质合金棒型材优势创新主体及发明人

对湖南省关于硬质合金棒型材技术有效及处于实质审查阶段的专利量

进行统计，列出省内优势创新主体及发明人情况，具体名单见表4-2-3。

表4-2-3　湖南省硬质合金棒型材创新主体有效/审中专利量

类别	序号	当前申请（专利权）人	专利量/件
企业	1	株硬	29
	2	西迪技术股份有限公司	13
	3	株钻	9
高校	1	中南大学	4
	2	湖南工业大学	4
重要发明人			
第一发明人		专利量/件	所在高校
张绍和		3	中南大学
曾广胜		3	湖南工业大学

4.2.1.4　切削刀片优势创新主体及发明人

对湖南省关于切削刀片技术有效及处于实质审查阶段的专利量进行统计，列出省内优势创新主体及发明人情况，具体名单见表4-2-4。

表4-2-4　湖南省切削刀片创新主体有效/审中专利量

类别	序号	当前申请（专利权）人	专利量/件
企业	1	株钻	123
	2	株硬	41
	3	株洲欧科亿数控精密刀具股份有限公司	28
	4	株洲华锐精密工具股份有限公司	24
	5	株洲金特硬质合金有限公司	10
高校	1	湘潭大学	2
重要发明人			
第一发明人		专利量/件	所在高校
无		无	无

4.2.1.5 工程机械领域优势创新主体及发明人

对湖南省关于工程机械应用领域有效及处于实质审查阶段的专利量进行统计,列出省内优势创新主体及发明人情况,具体名单见表4-2-5。

表4-2-5 湖南省工程机械应用领域创新主体有效/审中专利量

类别	序号	当前申请(专利权)人	专利量/件
企业	1	株硬	52
	2	株钻	25
	3	株洲金韦硬质合金有限公司	13
	4	西迪技术股份有限公司	12
	5	株洲欧科亿数控精密刀具股份有限公司	6
		湖南博云东方粉末冶金有限公司	6
高校	1	中南大学	18
	2	湖南大学	4
		湘潭大学	4
	3	湖南科技大学	3
重要发明人			
第一发明人	专利量/件		所在高校
张立	4		中南大学
张绍和	3		中南大学
刘文胜	2		中南大学
荟楠	2		湖南大学
张乾坤	2		湘潭大学
郭世柏	2		湖南科技大学
马运柱	2		中南大学

4.2.1.6 勘探采掘领域优势创新主体及发明人

对湖南省关于勘探采掘应用领域有效及处于实质审查阶段的专利量进行统计，列出省内优势创新主体及发明人情况，具体名单见表4-2-6。

表4-2-6 湖南省勘探采掘应用领域创新主体有效/审中专利量

类别	序号	当前申请（专利权）人	专利量/件
企业	1	株硬	87
	2	西迪技术股份有限公司	27
	3	株洲金韦硬质合金有限公司	22
	4	湖南博云东方粉末冶金有限公司	9
	5	株洲肯特硬质合金股份有限公司	8
高校	1	中南大学	38
	2	湖南科技大学	4
	3	湖南大学	2

重要发明人		
第一发明人	专利量/件	所在高校
刘咏	8	中南大学
张立	5	中南大学
罗丰华	4	中南大学
赵中伟	4	中南大学
陈星宇	4	中南大学
郭世柏	3	湖南科技大学

4.2.2 产业链薄弱环节潜在创新主体分析

根据4.1的分析结果，针对湖南省硬质合金产业链薄弱环节（上游的涂层加工技术，下游的电子通信、军工、航天航空、风力发电和汽车制造应用领域），对上述技术领域有效及处于实质审查阶段的专利数据，进行申请人活跃度分析，并发掘出湖南省内专利申请量少但近年活跃的新兴企业，将其作为培育对象，同时对排名靠前的中国高校/研究所中第一发明人的专利数量进行统计，列出重点发明人。最后将上述分析得到的重点创新主体及重点发明人列为本区域硬质合金产业可以引进或进行合作的对象。

4.2.2.1 涂层加工技术领域近年专利申请活跃的创新主体

根据涂层加工技术领域各申请人有效及处于实质审查阶段的专利数量，列出了本领域龙头企业及其专利趋势情况，并筛选出近 5 年专利占比高于 45% 的创新主体及重要发明人（见表 4-2-7）。

表 4-2-7 涂层加工技术创新主体有效/审中专利量

申请（专利权）人		申请人所在地	申请人类型	专利量/件	近 5 年专利占比/%
龙头企业	三菱	日本	企业	792	18
	山特维克	瑞典	企业	279	30
近 5 年专利活跃度高于 45% 的国外创新主体	泰珂洛公司	日本	企业	25	52
	森拉天时	奥地利	企业	13	46
	元素六公司	英国	企业	8	50
近 5 年专利活跃度高于 45% 的国内创新主体（不含湖南省）	赣州澳克泰工具技术有限公司	江西	企业	25	88
	北京工业大学	北京	高校	13	46
近 5 年专利活跃度高于 45% 的国内创新主体（不含湖南省）	常州市海力工具有限公司	江苏	企业	13	100
	吉林大学	吉林	高校	7	71
	宁波江丰电子材料股份有限公司	浙江	企业	7	100

续表

近5年专利活跃度高于45%的湖南创新主体	中南大学	长沙	高校	17	47
	株洲华锐精密工具股份有限公司	株洲	企业	9	100

重要发明人			
第一发明人	专利量/件		所在高校
张立	7		中南大学
索红莉	4		北京工业大学
刘咏	3		中南大学
席晓丽	3		北京工业大学
邱小明	3		吉林大学
魏秋平	3		中南大学
黄虎	3		吉林大学

4.2.2.2 电子通信领域近年专利申请活跃的创新主体

根据电子通信应用领域各申请人有效及处于实质审查阶段的专利量，列出该领域下龙头企业及其专利趋势情况，并筛选出近5年专利占比高于45%的创新主体及重要发明人，具体清单见表4-2-8。

表4-2-8 电子通信应用领域创新主体有效/审中专利量

申请（专利权）人		申请人所在地	申请人类型	专利量/件	近5年专利占比/%
全球龙头企业	三菱	日本	企业	134	34
近5年专利活跃度高于45%的海外创新主体	应用材料股份有限公司	美国	企业	7	71
	松下知识产权经营株式会社	日本	企业	6	100

续表

申请（专利权）人		申请人所在地	申请人类型	专利量/件	近5年专利占比/%
近5年专利活跃度高于45%的国内创新主体（不含湖南省）	宁波江丰电子材料股份有限公司	浙江	企业	15	53
	厦门虹鹭钨钼工业有限公司	福建	企业	11	91
	河南大地合金有限公司	河南	企业	10	50
	合肥工业大学	安徽	高校	8	100
	崇义章源钨业股份有限公司	江西	企业	6	100
	自贡硬质合金有限责任公司	四川	企业	5	100
	中国西电电气股份有限公司	陕西	企业	4	75
	陕西斯瑞新材料股份有限公司	陕西	企业	4	100
	济南市冶金科学研究所有限责任公司	山东	企业	4	100
	安徽和丰硬质合金有限公司	安徽	企业	4	100
	西安理工大学	陕西	高校	4	100
近5年专利活跃度高于45%的省内创新主体	株硬	株洲	企业	16	50
	湖南金鑫新材料股份有限公司	益阳	企业	4	100
	湖南博云东方粉末冶金有限公司	长沙	企业	4	100

续表

重要发明人		
第一发明人	专利量/件	所在高校
程继贵	3	合肥工业大学
朱二涛	2	合肥工业大学
杨晓红	2	西安理工大学

4.2.2.3 航天航空领域近年专利申请活跃的创新主体

根据航天航空应用领域各申请人有效及处于实质审查阶段的专利量，筛出近5年专利占比高于45%的创新主体及重要发明人，具体清单见表4-2-9。

表4-2-9 航天航空领域创新主体有效/审中专利申请

申请（专利权）人		申请人所在地	申请人类型	专利量/件	近5年专利占比/%
近5年专利活跃度高于45%的海外创新主体	泰珂洛公司	日本	企业	15	53
	住友	日本	企业	6	50
近5年专利活跃度高于45%的国内创新主体（不含湖南省）	北京工业大学	北京	高校	21	52
	北京科技大学	北京	高校	15	73
近5年专利活跃度高于45%的国内创新主体（不含湖南省）	广州市华司特合金制品有限公司	广州	企业	11	64
	合肥工业大学	安徽	高校	10	100
	崇义章源钨业股份有限公司	江西	企业	9	100
	陕西斯瑞新材料股份有限公司	陕西	企业	9	100
	天津大学	天津	高校	8	75
	常州市海力工具有限公司	江苏	企业	8	100

续表

申请（专利权）人		申请人所在地	申请人类型	专利量/件	近5年专利占比/%
近5年专利活跃度高于45%的省内创新主体	西北有色金属研究院	陕西	企业	8	63
	泰州市华诚钨钼制品有限公司	江苏	企业	7	100
	中南大学	长沙	高校	22	73
	株硬	株洲	企业	11	55
重要发明人					

第一发明人	专利量/件	所在高校
马宗青	7	天津大学
宋晓艳	5	北京工业大学
席晓丽	5	北京工业大学
程继贵	4	合肥工业大学
刘文胜	3	中南大学
张国华	3	北京科技大学
秦明礼	3	北京科技大学
肖来荣	3	中南大学
陈子勇	3	北京工业大学

4.2.2.4 汽车制造领域近年专利申请活跃的创新主体

根据汽车制造应用领域各申请人有效及处于实质审查阶段的专利量，列出该领域下龙头企业及其专利申请趋势情况，并筛出近5年专利占比高于45%的创新主体及重要发明人（其中，无近5年专利活跃度高于45%的海外创新主体），具体清单见表4-2-10。

表 4-2-10 汽车制造领域创新主体有效/审中专利申请

申请（专利权）人		申请人所在地	申请人类型	专利量/件	近5年专利占比/%
全球龙头	三菱	日本	企业	43	49
近5年专利活跃度高于45%的国内创新主体（不含湖南省）	河北盛航专用汽车制造有限公司	河北	企业	5	100
	河源富马	广东	企业	5	100
	中国科学院金属研究所	辽宁	高校/研究所	4	100
	北京科技大学	北京	高校	4	75
	华旺簇绒机械科技靖江有限公司	江苏	企业	4	100
	广汉鸿达硬质合金有限责任公司	四川	企业	4	100
	淮安磨士刃具制造有限公司	江苏	企业	4	100
	西安理工大学	陕西	高校	4	100
近5年专利活跃度高于45%的省内创新主体	中南大学	长沙	高校	5	80
	西迪技术股份有限公司	株洲	企业	5	60
重要发明人					
第一发明人		专利量/件		所在高校/研究所	
蔡雨升		4		中国科学院金属研究所	

4.2.2.5 军工领域近年专利申请活跃的创新主体

根据军工应用领域各申请人有效及处于实质审查阶段的专利量，筛选出近 5 年专利占比高于 45% 的创新主体及重要发明人，具体清单见表 4-2-11。

表 4-2-11 军工领域创新主体有效/审中专利申请量

申请（专利权）人		申请人所在地	申请人类型	专利量/件	近5年专利占比/%
近5年专利活跃度高于45%的国内创新主体（不含湖南省）	泰州市华诚钨钼制品有限公司	江苏	企业	16	100
	北京科技大学	北京	高校	14	79
	广州市华司特合金制品有限公司	广东	企业	11	64
	依贝伽射线防护设备科技（上海）有限公司	上海	企业	10	90
	北京工业大学	北京	高校	10	60
	安泰科技股份有限公司	安徽	企业	10	70
	北京理工大学	北京	高校	9	56
近5年专利活跃度高于45%的省内创新主体	株硬	株洲	企业	16	63
	中南大学	长沙	高校	13	85

重要发明人

第一发明人	专利量/件	所在高校
秦明礼	8	北京科技大学
刘文胜	4	中南大学
宋晓艳	3	北京工业大学
张朝晖	3	北京理工大学

4.2.2.6 风力发电领域近年专利申请活跃的创新主体

根据风力发电应用领域各申请人有效及处于实质审查阶段的专利量，列出该领域下龙头企业及其专利申请趋势情况（其中，无近5年专利活跃度高于45%的国内创新主体），并筛选出重要发明人，具体清单见表4-2-12。

表 4-2-12　风力发电领域创新主体有效/审中专利申请量

申请（专利权）人	申请人所在地	申请人类型	专利量/件	近5年专利占比/%
近5年专利活跃度高于45%的全球龙头企业	三菱	日本	企业	10	80
重要发明人					
第一发明人	专利量/件		所在单位		
冈野靖（OKANO, YASUSHI）	4		三菱		
渡边直太（WATANABE, NAOTA）	3		三菱		

第5章

区域硬质合金产业发展路径导航建议

5.1 硬质合金产业结构现状与分布特点

5.1.1 全球产业结构现状

全球硬质合金产业专利技术发展整体上符合产业市场发展的状况，预计未来产业专利申请量将保持较高的增长。产业专利分布与产业市场基本一致，随着产业链结构调整，全球专利从欧美国家向亚洲国家迁徙、聚集，当前集中在中国和日本。全球产业上游专利主要布局在硬质合金制备和涂层加工技术分支，中游专利主要布局在切削刀片技术分支，下游布局专利偏少。

进入21世纪，全球硬质合金产业专利申请逐步向下游集中，上中游出现削减趋势。但上游的硬质合金制备技术以及下游的航天航空、工程机械和军工领域的专利申请近年增长突出，预计上述技术分支属于未来增长点。

5.1.2　主要国家产业专利分布特点

国内，产业专利侧重布局产业中下游，其中下游较突出；其他主要国家侧重布局上中游，日本在上游专利申请量占比最高，美德韩在中游专利申请量占比相对较高。近年来，我国在上游的硬质合金制备技术、中游的切削刀片以及下游的勘探采掘和军工方面专利申请量有一定幅度的增长；日本在上游的涂层加工技术以及中游的切削刀片方面保持较强优势；美国侧重上游的硬质合金制备技术，和中游的切削刀片、硬质合金棒型材以及轧辊；韩国在上游的涂层加工、中游的切削刀片技术分支进行了重点布局；德国在上游的粉末和硬质合金制备技术分支上近10年专利申请量都有一定幅度的增长。此外，下游的航天航空、汽车制造、工程机械和电子通信逐步成为主要国家相对集中的专利布局和增长方向。

5.2　硬质合金产业链创新主体情况与热点技术发展方向

5.2.1　创新主体情况

5.2.1.1　重点创新主体

专利申请量排名前10的主要创新主体国别分布与产业全球地域分布一致，主要来自中日美三国。其中，我国创新主体占据一半的席位，但排名前5的重点创新主体中仅有株硬一家中国企业，说明我国整体实力较强，但企业与世界技术巅峰还有一定距离。专利申请量排名前10的主要创新主体中80%为企业，说明硬质合金产业技术创新主要由企业带动，因此产业的发展动向可以从标志性企业类申请人的动向中获得启示。外国申请人对产业专利控制力在减弱，专利失效率普遍在70%以上，但三菱的有效专利量仍排名全球第一，是需要重点关注的一位竞争对手。我国创新主体近5

年专利申请活跃，在大力追赶行业龙头，株硬和自贡硬质合金的有效专利居多，其中株硬近5年专利申请量在全球重点创新主体中排名第二。

5.2.1.2 我国新进入者

我国新进入者专利申请主要分布在江苏、广东及湖南等地，整体专利申请量不多，技术实力一般。湖南硬质合金企业数量虽排名前列，但当地新进入者的专利创新能力不如企业数量排名靠后的江苏和广东，因此湖南不仅要加大产业的投入，也需要进一步鼓励技术创新，通过技术创新来稳定及提升国内市场地位。

5.2.2 热点技术发展方向

5.2.2.1 主要创新主体的技术发展方向

全球范围内，近5年主要创新主体专利布局侧重产业上中游环节，下游环节专利申请量占比相对偏少。具体到产业技术分支方面，主要创新主体近5年较关注上游的硬质合金制备、涂层加工技术分支，和中游的切削刀片与下游的工程机械和勘探采掘技术分支，这与全球近5年产业专利布局的侧重点基本相同。外国企业注重在上游的涂层加工、中游的切削刀片技术分支布局。我国企业不仅布局上述技术，在上游的硬质合金制备、下游的勘探采掘以及工程机械技术分支的应用上也布局了较多的专利，在专利申请量上具有优势。

5.2.2.2 我国新进入者的技术发展方向

我国新进入者相对集中于产业下游的技术创新，推测与新进入者多是为产业龙头服务的加工和应用的企业有关，其次是产业中游，而在产业上游由于龙头企业技术布局较早，以及进入门槛较高，新进入者相对创新不多。新进入者专利申请涉足面较广，重点布局上游的硬质合金制备、中游的切削刀片和下游的工程机械以及勘探采掘技术分支，但技术整体创新程度不如主要创新主体。

5.3 区域产业专利布局特点及优化方向建议

5.3.1 湖南省产业专利布局现状

5.3.1.1 产业专利布局

全国硬质合金产业主要分布在中部和南部地区，湖南和江苏专利优势明显。湖南产业上中下游全面发展，与全国行业专利布局类似，近5年发展有所放缓，产业专利布局并未有较多调整，仅在下游的勘探采掘上稍有减弱。广东、江西和江苏近5年专利申请量占比在60%左右，呈现追赶之势。

5.3.1.2 技术分支专利布局

湖南在上游的涂层加工技术分支，中游的轧辊以及下游的航天航空、风力发电、汽车制造、电子通信、军工技术分支上专利布局偏弱，在上游的硬质合金制备和粉末技术分支，中游的切削刀片、硬质合金棒型材和凿岩硬质合金技术分支，以及下游的工程机械、勘探采掘和3D打印技术分支上专利布局偏强。

5.3.1.3 创新主体的专利布局

湖南企业创新实力较强，技术市场控制力较好。中游是产业领域主要的市场竞争领域，需重点布局防控，外国创新主体专利布局多，且有效率在40%~50%之间，技术控制力强。外国创新主体在下游的专利布局有减弱趋势，但仍具有一定的市场控制力。

5.3.1.4 产学研合作及专利运营

湖南企业专利申请量较多，主要为企业自主研发。湖南在专利运营的数量上有优势，运营类型主要涉及专利转让和专利质押。

5.3.2 株洲市产业专利布局特点及优化方向建议

5.3.2.1 产业链结构强化方向建议

株洲市专利申请量规模与株洲市产业规模实力相符。株洲市 2021 年制定的《株洲市轨道交通装备、先进硬质材料、陶瓷产业质量提升三年（2021—2023 年）行动方案》提出"高端市场是当地亟待突破及发展的目标"。从当前株洲硬质合金产业专利分布结构来看，中游已有较多的专利储备，但下游相对偏弱。全球产业下游未来增长的技术方向主要为航天航空、工程机械和军工技术分支，建议株洲结合自身情况，对上述下游技术领域进行强化。

5.3.2.2 产业链环节优化方向建议

株洲产业优势环节主要包括上游的硬质合金制备技术，和中游的凿岩硬质合金、硬质合金棒型材以及切削刀片技术，以及下游的工程机械、勘探采掘技术分支。

需改善的薄弱环节包括上游的涂层加工技术分支，和下游的电子通信、军工、航天航空、汽车制造和风力发电应用领域。

在上游的涂层加工技术分支，韩国以及日本在该方面处于增长态势，此外江苏和广东也较有优势；在下游的电子通信、军工、航天航空、汽车制造和风力发电领域，德国在航天航空技术分支专利申请量近 10 年处于增长态势，国内则是江苏在航天航空、电子通信和汽车制造领域专利技术实力较强。此外，美国和德国在风力发电技术分支技术实力突出。考虑到硬质合金产业技术创新主要由企业来带动，建议株洲市针对产业链薄弱技术环节，更多关注上述地域标志性企业的发展动向，找准着力点，为产业补链、强链提供思路和方向。

5.3.2.3 强化产学研合作

北京在产学研合作方面优势突出,相关产学研专利合作申请的时间连续性和数量均在全国领先。建议株洲积极推动当地企业与北京相关高校/研究所开展产学研深度合作。

第 6 章

轨道交通装备产业基本状况

6.1 轨道交通装备产业概况

本节主要内容是轨道交通装备基本概念及其产业链分布情况。

6.1.1 整体概念

轨道交通装备是铁路、高铁、城市轨道交通运输所需各类装备的总称,是国家公共交通和大宗运输的主要载体,是我国高端装备"走出去"的重要代表。

轨道交通装备服务于干线轨道交通、区域轨道交通和城市轨道交通系统,涵盖了电力机车、内燃机车、动车组、铁道客车、铁道货车、城轨车辆、机车车辆关键零部件、信号设备、牵引供电设备、轨道工程机械设备等10个专业制造系统,是各种先进技术的集大成者,在一定程度上代表国家科技水平和综合实力。

6.1.2 产业链分布

从轨道交通装备产业的产业链结构来看,主要分为上游(材料)、中游(制造)以及下游(应用)。其上游包括原材料生产与加工、基础建筑设计与施工、工程机械设备研发与生产、轨道基建配套设备生产等;中游包括整车制造、关键零配件研发与制造、信息化设备及系统等;下游主要为安全监测与维护。具体如表6-1-1所示。

表6-1-1 轨道交通装备产业链结构

一级技术分支	二级技术分支	三级技术分支
上游(材料)	原材料生产与加工	特种钢材、铝材、合金、橡胶等
	基础建筑设计与施工	规划设计、土木工程、桥梁、隧道等
	工程机械设备研发与生产	架桥机、盾构机、铺轨机、起重机等
	轨道基建配套设备生产	道岔、轨道板、轨枕、扣件等
中游(制造)	整车制造	高速动车组、城轨列车、中低速普通客车、磁悬浮列车、特种车等
	关键零配件研发与制造	转向架、制动器、车轮、车轴、牵引电机等
	信息化设备及系统	电力电气系统、通信信号系统、列车控制系统、无人驾驶系统、基于通信的列车自动控制系统等
下游(应用)	安全监测与维护	设备监测与诊断、安全监控诊断系统、维保运营等

6.2 国际市场现状

本节给出了全球轨道交通装备市场的基本情况,了解全球市场规模和主要供应商可帮助分析市场潜力以及找准竞争对手与合作伙伴。

从市场规模来看，全球轨道交通装备市场呈现出强劲的增长态势，2018年市场规模超15 000亿元，2019年市场规模达到15 900亿元。从市场分布来看，在国际轨道交通装备制造业市场上，亚洲是最大的地铁市场，同时也是电力机车、内燃机车、高速列车的主要市场；东欧是活跃的客车市场，同时也是全球第二大轻轨市场；西欧是世界重要的轨道客车需求地；北美市场的轨道客车需求主要是地铁、轻轨、内燃机车；南非、南美洲、中东地区也呈现出对轨道交通装备的旺盛需求。

轨道交通装备市场具有一定的垄断性，全球市场主要由中国中车（CRRC）、加拿大庞巴迪（Bombardier）、德国西门子（Siemens）、法国阿尔斯通（Alstom）、美国通用（GE）、日本川崎重工（Kawasaki）等企业垄断，占整个市场份额的82%。亚洲轨道交通装备制造产业市值位居第一，其中，中国中车近年收入遥遥领先，约占全球十大轨道交通企业收入的47%。[1]

6.3 国内市场现状

本节介绍国内轨道交通装备市场现状。我国目前轨道交通装备产业整体上处于方兴未艾的状态，发展势头良好，领先优势明显，尤其以湖南株洲的产业体系最为突出，有着得天独厚的先发优势。

6.3.1 中国轨道交通装备产业发展进入全面提速时代

我国是轨道交通装备制造大国，已建成一批具有国际先进水平的制造基地，生产能力居世界领先地位，核心技术创新和制造生产水平已处于世

---

[1] 中商产业研究院. 2019中国轨道交通装备行业市场前景研究报告［EB/OL］.（2019 - 05 - 08）［2022 - 05 - 10］. https：//www. askci. com/news/chanye/20190508/1404581145908. shtml.

界前列。从市场规模来看，我国铁路、城市轨道交通运营里程在"十三五"时期分别新增2.9万公里、0.3万公里，投资规模分别达到38 000亿元、20 000亿元，轨道交通装备产业市场稳步增长，持续推动我国轨道交通装备产业发展。随着2020年提出"新基建"以来，共有24个省份开出了总投资额4.8万亿元的大单❶，其中轨道交通为重点投资领域。我国轨道交通建设还在持续推进，国际市场正在不断拓展，我国轨道交通装备产业市场规模将不断增长，中国轨道交通装备产业发展进入全面提速时代。

目前我国已形成了以主机企业为核心、以配套企业为骨干，集研发、设计、制造、试验和服务于一体的轨道交通装备制造体系。从地域来看，我国轨道交通装备产业主要集中在传统重工业集聚区，规模较大产业集群集中在株洲、青岛、长春、唐山、武汉和成都。从代表性企业来看，轨道交通装备重点集团有中国中车、中国中铁、中国铁建、中铁工业、鼎汉技术，其中，中国中车占据了全国92%的整车制造能力，已形成全面领先的格局。

6.3.2 湖南产业体系日臻完善，集聚优势加速积累

湖南株洲的轨道交通装备产业是全国范围内产业集群规模最大、产品门类最齐全、产业链最完整的典范。作为国内最重要的轨道交通装备发展集聚区，株洲的产值贡献度在中车布局的城市中最高，在轨道交通装备行业内的地位不可替代，形成了其他城市在短期内难以赶超的优势。近年来，株洲以建设"轨道交通装备战略性新兴产业区域集聚发展试点""国家轨道交通装备高新技术产业化基地"为契机，进一步完善了集产品研发、生产制造、物流配送、售后服务于一体的全产业链，形成了以电力机车、铁路货车、城轨车辆、动车组等整车制造为主体，以核心部件、关键系统、铁路工程机械、运营维保系统等为重点的集约型产业体系，具备了为全球轨道交通用户提供全寿命周期系统解决方案的能力。目前，株洲集

---

❶ 国务院新闻办发布会介绍交通运输"十三五"发展成就[EB/OL].（2020-10-22）[2022-05-11]. https://www.gov.cn/xinwen/2020-10/22/content_5553479.htm.

聚了轨道交通装备产业企业300多家、先进轨道交通装备国家级制造业创新中心等创新平台100多个，形成了整车、核心零部件与配套产品、配套设施及服务集群发展的格局，产品覆盖轨道交通装备所有领域，成为国内最大的轨道交通装备发展集聚区。

目前，行驶在国内铁路干线上的电力机车大约有60%产自株洲，交流传动电力机车、机车电机、电控产品的实际市场占有量（包括实际生产能力）居全国第一，轨道交通零部件、配套件等产品已经覆盖全国电力机车与铁路车辆所需的35%左右，已为国内外21个城市提供城轨车辆9 000多辆。中车株机公司在南非、土耳其、马来西亚等地建立子公司和制造基地，中车株洲电力机车研究所在英国、德国进行了企业并购，实现了国际化经营。电力机车、城轨车辆、铁路货车以及城市轨道交通产品已出口北美、南美、东欧、东南亚以及澳大利亚等70多个国家和地区。[1]

湖南轨道交通装备产业已基本实现全产业链、全产品体系和全球市场布局，轨道交通城、中车物流基地等一批重点项目陆续建设，海外投资项目有力推进，轨道交通装备产业具备了其他省份难以短期复制的竞争优势，为产业后期发展奠定了坚实基础，蓄积了先发优势。

6.4 机遇与挑战

本节主要介绍了目前轨道交通装备产业的机遇与挑战。通过分析国际和国内市场需求及竞争态势，并结合我国轨道交通装备产业发展情况为后续产业进行转型升级提供参考。

---

[1] 中国城市轨道交通协会.城市轨道交通2019年度统计和分析报告(第35期)[R/OL].(2019-01-01)[2022-05-11].https://www.camet.org.cn/tjxx/5133.

6.4.1 饱和的国内市场挤压产业发展空间,"一带一路"倡议带来广阔机遇

从国内市场看,中国已形成世界上规模最大、发展最快的轨道交通建设市场。在铁路轨道方面,随着铁路路网的日益完善,国内市场对高速动车、快速客运机车、重载货运机车等轨道交通装备需求强劲;在城市轨道方面,城轨交通进入加速发展期,带动城轨产业链快速发展,这将带来巨大的城市轨道交通装备需求。因此轨道交通装备市场成为企业争抢的蛋糕,导致国内市场产能饱和状态日益加剧,国内产业发展空间被日渐挤压,人们转而开始关注海外市场。

从国际市场看,发展中国家对轨道交通装备需求强劲。我国的"一带一路"倡议涵盖中亚、西亚、中东、东南亚、南亚、北非、东非等区域的40多个国家,并辐射东亚及西欧,这些区域对基础设施建设和互联互通的需求十分迫切。这些发展相对落后的发展中国家也把轨道交通列为发展交通运输的优先方向,积极改造和新建轨道交通线路,以改善投资环境。我国将轨道交通装备产品作为我国高端装备"走出去"的代表,在"一带一路"沿线及辐射区域拥有庞大的市场发展潜力。

6.4.2 国际垄断格局加速形成,我国企业面临国际市场门槛高的挑战

据不完全统计,在全球范围内有超过30个国家的近270家规模企业直接参与轨道交通装备产业。世界各国不断加大对本国强势企业兼并重组、组建大型跨国公司的支持力度,由此导致轨道交通装备市场份额不断向世界知名跨国企业集中,产业发展的垄断格局正在加速形成。

近年来,国际轨道交通设备市场竞争加剧,行业巨头兼并加快,国际行业寡头加快建设以核心企业为龙头的产业集聚区,并通过合资设厂、技术输出、联合体投标等方式不断进入并拓展中国市场、蚕食国际市场,成为国内轨道交通装备生产商的重要竞争对手,也必将在一定程度上阻碍中

国轨道交通企业国际化步伐,进一步提高进入国际市场的门槛。

6.4.3 我国企业基础性创新不足,关键技术短板待突破

尽管湖南已经形成了较为完整的轨道交通装备产业链,但存在高水平原始创新能力不强,国际创新资源和要素较为缺乏的短板。我国企业过去注重技术引进,专长于产品开发应用,在基础性技术方面缺乏自主研究。另外,我国企业技术从制造向"智造"转型水平不高。核心零部件和高端轨道交通装备制造智能化升级还刚刚起步,在产业集群内培育发展个性化定制、远程运营维护等新模式尚未有效形成,中小企业数字工厂(车间)、智能制造等转型升级缓慢。整体来看,目前在智能制造的基础体系搭建上、专用芯片等领域的关键技术和轨道交通装备基础零部件工艺等方面的技术存在技术壁垒,与西门子、庞巴迪、阿尔斯通等国际巨头相比,在高、精、尖的关键控制技术及核心零部件制造工艺等方面还存在较大差距,许多核心技术仍然受控于人、受制于人。

6.4.4 抓住技术融合创新机遇,抢占新兴市场先机

若要轨道交通装备产业持续焕发出新的活力,在关注基础技术研究的同时,也要重点关注未来的发展趋势。

随着全球经济的快速发展,各国对轨道交通需求日益增多;另外,客货运力明显不足、道路交通拥挤、排放及噪声污染等问题愈发被人们关注,因此安全、高效、绿色、智能的轨道交通成为行业发展的主要方向。当前,"新一代人工智能"崛起开阔了联动发展领域,同时,新一代信息技术与轨道交通领域深度融合创新,推进生产制造和产品向智能化方向转型升级,轨道交通系统和车联网、物联网等技术集成和配套将成为新形态。只有抓住技术融合创新机遇,拥有自主的智能化平台技术体系和产品总成能力,才能在智能轨道交通新领域抢占技术先机。

6.5 轨道交通装备产业专利导航背景与意义

先进轨道交通装备是国家"制造强国"战略确定的重点发展领域之一，是未来公共交通发展的主要载体。轨道交通装备产业是湖南省"制造强省五年行动计划"重点发展的标志性产业。着力推进轨道交通装备产业发展，全力打造世界级轨道交通装备产业集群，为湖南省实现"三高四新"提供了重要的支撑作用。

为适应全球轨道交通装备产业巨头合并、格局洗牌、新技术融合等新形势，有效应对国内多地域、多主体加速布局轨道交通装备产业新挑战，系统破解湖南轨道交通装备产业面临的关键部件与系统原始创新不够、高端要素供给不足等瓶颈问题，本书将以专利文献为切入口，运用专利统计与专利分析方法，从全球、中国和湖南三个维度，梳理轨道交通装备产业专利技术发展概况，对比分析国内外、省内外的专利技术现状，分析存在的技术差距，探寻湖南轨道交通装备产业后续专利技术研究方向，以期从专利分析的角度为轨道交通装备产业的发展提供启发和帮助。

第 7 章

轨道交通装备产业全景分析

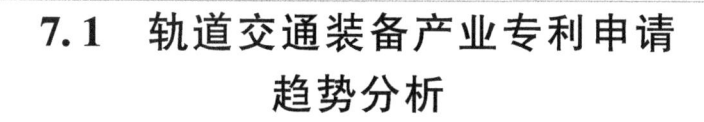

7.1 轨道交通装备产业专利申请趋势分析

7.1.1 全球状况

本节以全球范围内轨道交通装备产业领域的专利数据为分析样本，分别从全球、中国产业专利数据出发，对专利申请趋势、专利技术流向、创新发展力趋势、产业链发展趋势等进行分析。

7.1.1.1 全球专利申请趋势分析

图 7-1-1 为全球及国内外专利申请趋势，图 7-1-2 为全球专利申请量 TOP10 国家/组织专利申请趋势。由图 7-1-2 可知，在轨道交通装备产业技术领域，以英法为代表的欧美国家专利申请起步早，而中国专利申请从 1985 年才开始，整体晚于国外专利八十余年。但国内专利申请数量增速快，在国外专利进入平稳发展期后，我国专利申请量在 2000 年后呈现爆发式增长，并于 2016 年前后引领全球专利增长。可见在本技术领域，我国专利申请量爆发力足，在近年还将大量增长。

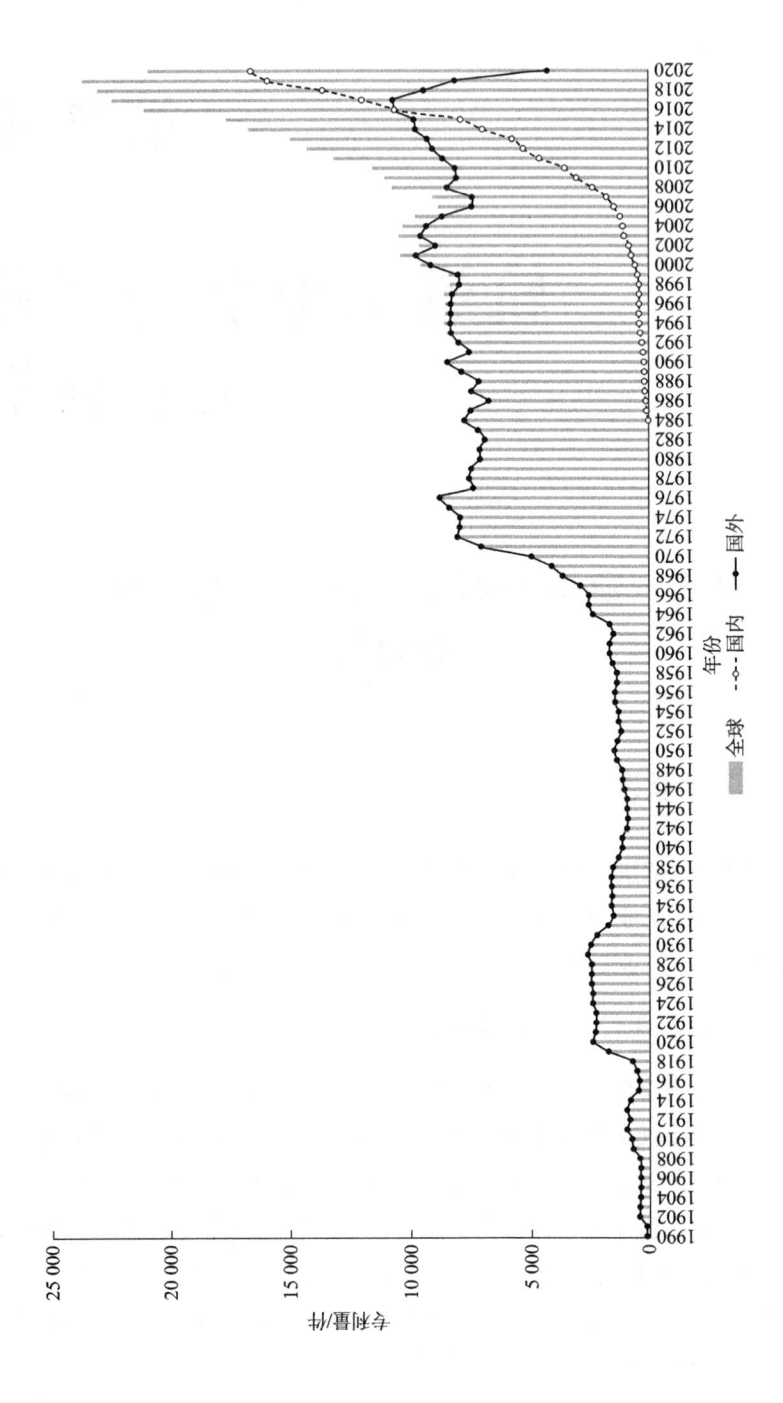

图 7-1-1 全球及国内外专利申请量趋势

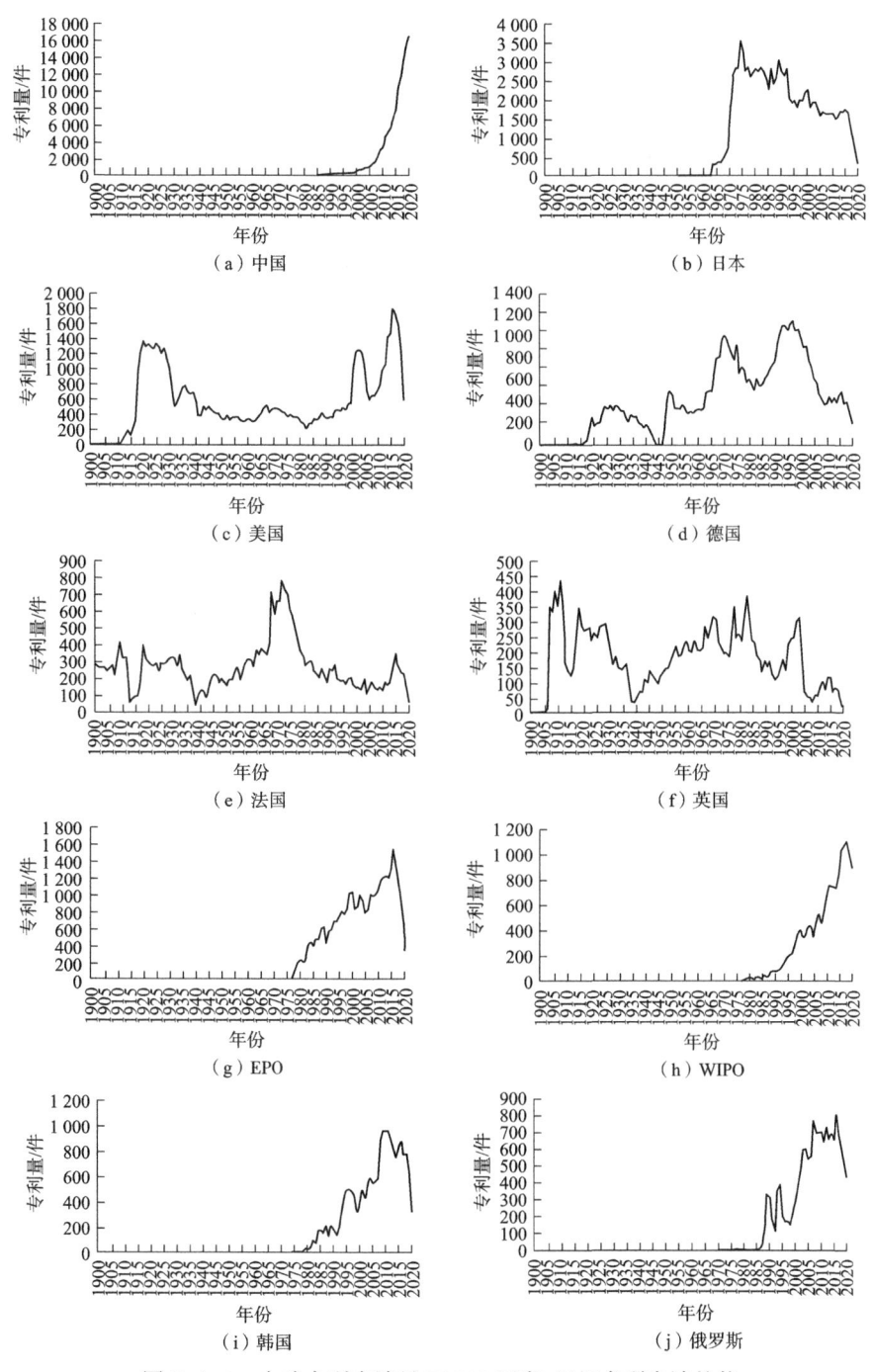

图 7-1-2 全球专利申请量 TOP10 国家/组织专利申请趋势

7.1.1.2 全球专利技术流向趋势分析

从专利地域分布、迁徙情况，可以分析出轨道交通技术装备领域目标市场的技术转移情况。如图7-1-3所示，中国专利申请量占世界专利申请总量的18.9%，排名全球第一，中国已成为本技术领域主要市场之一。从全球专利申请量TOP10国家/组织近20年专利地域分布来看，如图7-1-4所示，中国专利申请起步晚，其专利申请量在全球专利申请总量的占比在2005年之前还远落后于日本和美国。虽然日美在近几年专利申请量在全球专利申请总量中的占比呈现下降的趋势，但是其专利申请起步早，技术控制力强，仍然在全球专利范围内占有很重要的地位，是不可忽视的竞争对手。结合近20年各时间段内国内外专利技术流向趋势，如图7-1-5所示，随着国内技术创新能力不断增强，知识产权保护意识不断提升，国内申请人在不断加强自身市场保护的同时，积极走出国门，逐步扩大技术影响力，但限于起步晚的原因，要实现本技术领域专利技术引领全球还有较长一段路需要走。

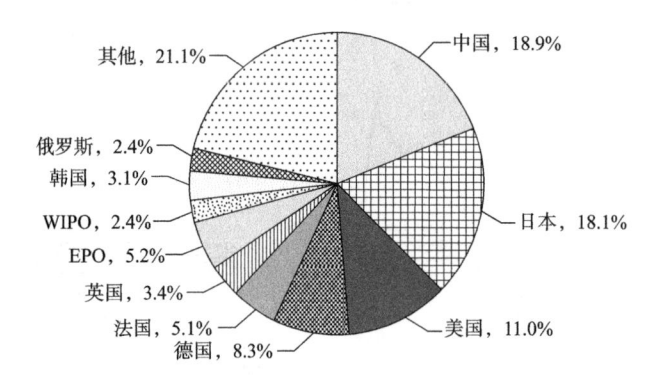

图7-1-3 全球专利申请量TOP10国家/组织专利申请量占比

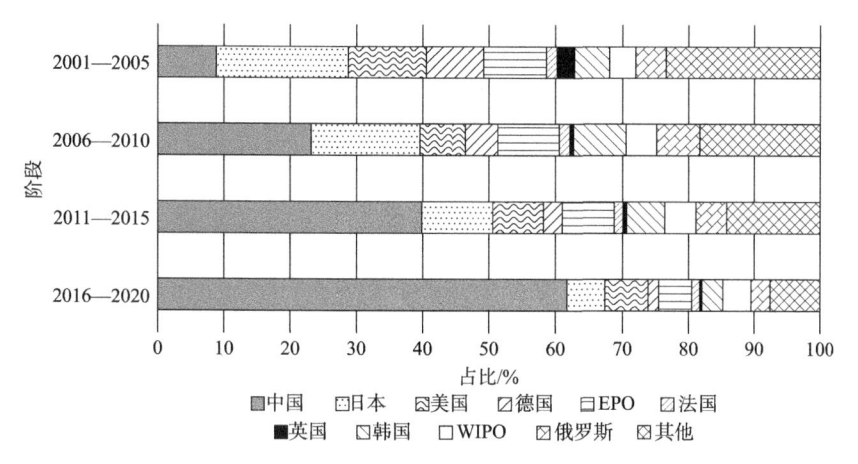

图 7-1-4　全球专利申请量 TOP10 国家/组织近 20 年专利申请量占比

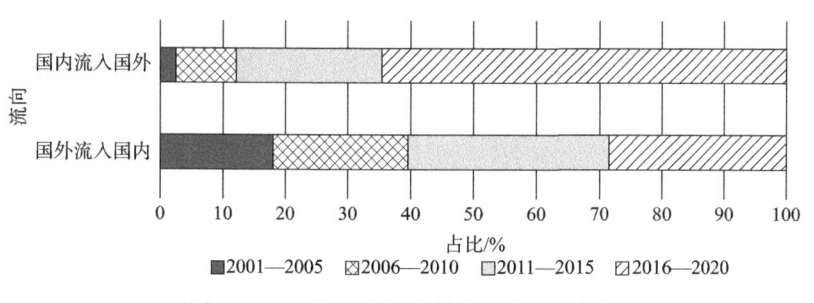

图 7-1-5　近 20 年国内外专利技术流向图

7.1.1.3　全球创新发展力趋势分析

用专利申请量/GDP 数据得出的单位 GDP 专利申请情况，可用以衡量当地创新发展力情况。如图 7-1-6 所示，我国是全球专利申请量主要国家中唯一近年单位 GDP 专利申请趋势走高的国家，也就是说我国是全球主要国家中唯一创新发展力趋势向好的国家。经分析原因发现，在本技术领域，起步早的欧美国家，由于 GDP 体量大而专利申请量相对偏少，导致创新发展力整体数据偏小。而亚洲国家，虽然创新发展力较强，但是除了我国外，近年也都呈现下降的趋势。我国可以抓住此机遇，快速加强产业技术布局。

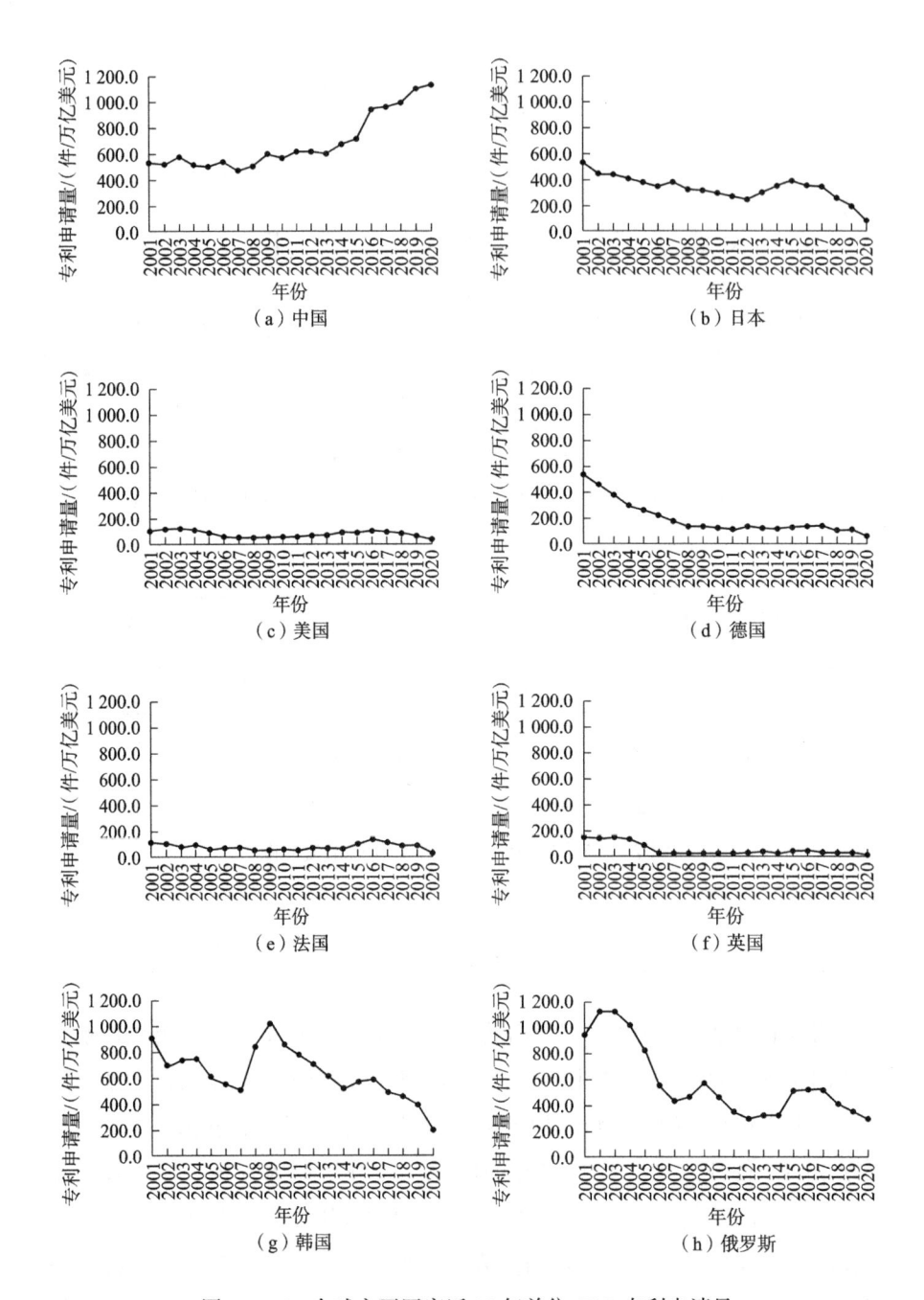

图 7-1-6　全球主要国家近 20 年单位 GDP 专利申请量

从专利被引证角度看专利技术原创力,如果被引证专利量占比高,则在一定程度上说明该批专利原创力较强。将全球专利申请量 TOP10 国家/组织的被引证专利量进行对比分析,如图 7-1-7 所示,虽然我国专利总体申请量多,但被引证专利总体数量不及日本和美国,被引证专利占比也不及日本、美国、德国等国家,同时低于全球专利申请量 TOP10 国家/组织被引证专利量占比 39.7% 的平均值,这说明我国专利整体技术原创力有待加强。

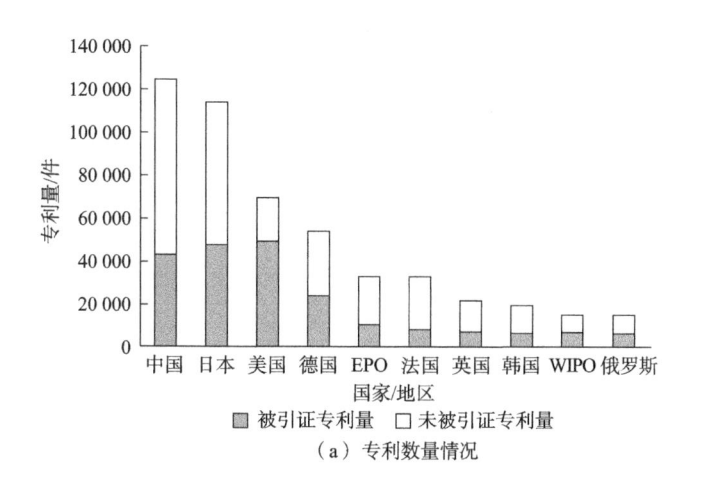

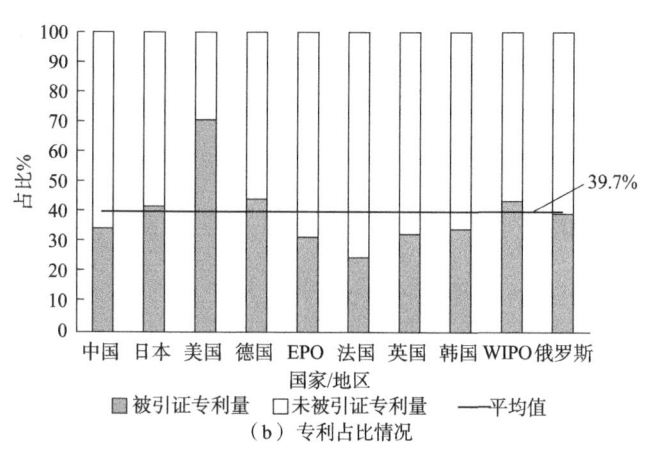

（a）专利数量情况

（b）专利占比情况

图 7-1-7　全球专利申请量 TOP10 国家/组织技术原创力分析

7.1.1.4 全球产业链发展趋势分析

对轨道交通装备技术领域近 20 年产业上中下游专利申请量分布进行分析，如图 7-1-8 所示，上中下游专利申请量占比基本保持在 2∶7∶1 的状况，产业中游专利申请量占比一直居高。进一步对全球专利申请量 TOP10 的国家/组织产业端专利申请量涨幅情况进行分析，如表 7-1-1、表 7-1-2 及表 7-1-3 所示全球专利申请量 TOP10 的国家/组织产业上中下游专利申请量增长趋势走向基本一致，大多数国家/组织在产业上游专利申请占比有所降低，在产业中游保持相对稳定，而主要在产业下游增长。而我国近 5 年，专利申请占比除了主要向产业下游倾斜外，还在产业上游有一定量的增长。

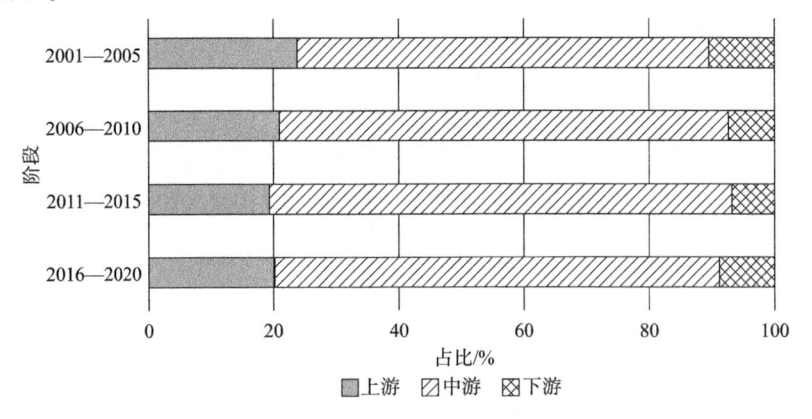

图 7-1-8　近 20 年全球产业上中下游专利申请量分布

7.1.2　国内状况

7.1.2.1　中国专利申请量/增长趋势分析

如图 7-1-9 及表 7-1-4 所示，在本产业领域，国内专利申请量 TOP10 省份几乎同时起步，在 2008 年前后逐步拉大差距，湖南、北京、江苏、山东增速明显，但湖南后劲不足，近 3 年速度放缓，呈略微下降趋势。

第7章 轨道交通装备产业全景分析

表 7-1-1 全球专利申请量 TOP10 国家/组织近 20 年产业上游专利申请量占比及涨幅

国家/组织	专利申请量在本国/组织占比/%					涨幅/百分点			
	1996—2000 (A)	2001—2005 (B)	2006—2010 (C)	2011—2015 (D)	2016—2020 (E)	2001—2005 (B-A)	2006—2010 (C-B)	2011—2015 (D-C)	2016—2020 (E-D)
中国	19.0	23.8	21.8	19.4	21.7	4.8	-2.0	-2.4	2.3
日本	22.8	18.5	18.3	18.6	17.0	-4.3	-0.2	0.3	-1.6
美国	20.8	18.1	17.2	14.6	12.9	-2.7	-0.9	-2.6	-1.7
德国	25.4	22.6	16.1	13.1	11.5	-2.8	-6.5	-3.0	-1.6
法国	24.1	21.9	18.0	24.9	18.6	-2.2	-3.9	6.9	-6.3
英国	21.6	29.4	25.0	19.0	19.2	7.8	-4.4	-6.0	0.2
EPO	24.0	23.5	20.7	17.9	15.1	-0.5	-2.8	-2.8	-2.8
WIPO	22.3	23.3	20.3	17.4	15.0	1.0	-3.0	-2.9	-2.4
韩国	12.0	24.9	22.0	25.6	22.4	12.9	-2.9	3.6	-3.2
俄罗斯	36.1	27.9	25.4	21.0	18.1	-8.2	-2.5	-4.4	-2.9

表 7-1-2 全球专利申请量 TOP10 国家/组织近 20 年产业中游专利申请量占比及涨幅

国家/组织	专利申请量在本国/组织占比/%					涨幅/百分点			
	1996—2000 (A)	2001—2005 (B)	2006—2010 (C)	2011—2015 (D)	2016—2020 (E)	2001—2005 (B-A)	2006—2010 (C-B)	2011—2015 (D-C)	2016—2020 (E-D)
中国	43.7	67.9	72.3	76.0	70.8	24.2	4.4	3.7	-5.2
日本	76.0	67.4	70.6	70.3	68.0	-8.6	3.2	-0.3	-2.3
美国	68.2	69.0	75.8	74.3	71.0	0.8	6.8	-1.5	-3.3
德国	65.1	68.4	77.7	80.5	82.3	3.3	9.3	2.8	1.8
法国	65.7	71.8	77.9	68.3	73.5	6.1	6.1	-9.6	5.2
英国	67.3	57.4	67.9	72.5	68.8	-9.9	10.5	4.6	-3.7
EPO	66.3	65.7	71.9	73.7	75.3	-0.6	6.2	1.8	1.6
WIPO	64.9	62.2	71.5	75.7	75.3	-2.7	9.3	4.2	-0.4
韩国	83.9	71.2	71.4	66.2	60.2	-12.7	0.2	-5.2	-6.0
俄罗斯	57.7	65.1	67.8	72.7	76.3	7.4	2.7	4.9	3.6

表 7-1-3 全球专利申请量 TOP10 国家/组织近 20 年产业下游专利申请量占比及涨幅

国家/组织	专利申请量在本国/组织占比/%					涨幅/百分点			
	1996—2000 (A)	2001—2005 (B)	2006—2010 (C)	2011—2015 (D)	2016—2020 (E)	2001—2005 (B−A)	2006—2010 (C−B)	2011—2015 (D−C)	2016—2020 (E−D)
中国	37.3	8.3	5.9	4.6	7.5	−29.0	−2.4	−1.3	2.9
日本	1.3	14.1	11.1	11.2	14.9	12.8	−3.0	0.1	3.7
美国	11.0	12.9	7.0	11.1	16.1	1.9	−5.9	4.1	5.0
德国	9.5	9.0	6.3	6.5	6.2	−0.5	−2.7	0.2	−0.3
法国	10.1	6.3	4.1	6.8	7.9	−3.8	−2.2	2.7	1.1
英国	11.1	13.1	7.1	8.5	11.9	2.0	−6.0	1.4	3.4
EPO	9.7	10.8	7.4	8.4	9.6	1.1	−3.4	1.0	1.2
WIPO	12.8	14.4	8.2	6.9	9.7	1.6	−6.2	−1.3	2.8
韩国	4.1	3.9	6.6	8.3	17.5	−0.2	2.7	1.7	9.2
俄罗斯	6.2	7.0	6.8	6.2	5.6	0.8	−0.2	−0.6	−0.6

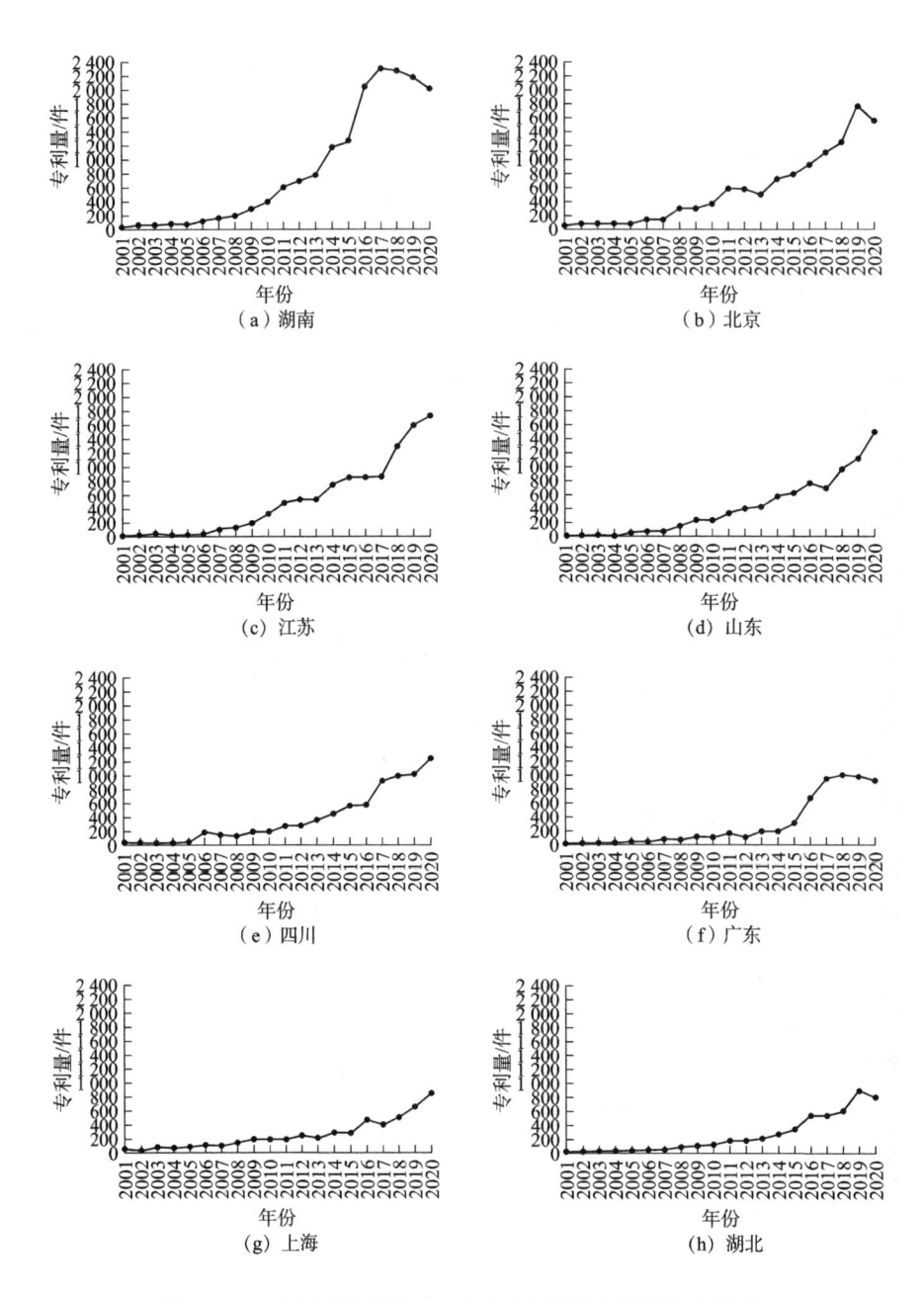

图 7-1-9 中国专利申请量 TOP10 省份近 20 年专利申请趋势

第 7 章 轨道交通装备产业全景分析

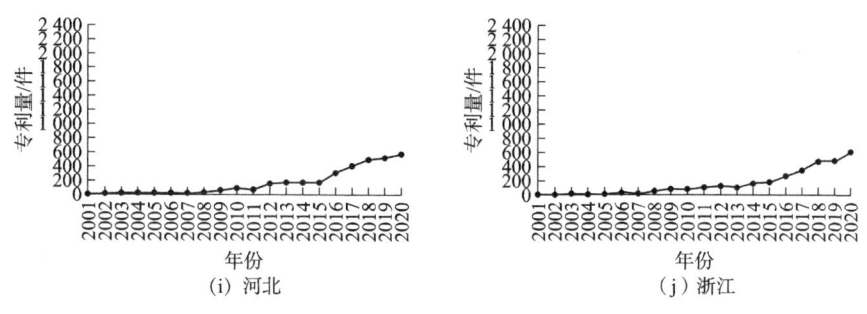

(i) 河北　　　　　(j) 浙江

图 7-1-9　中国专利申请量 TOP10 省份近 20 年专利申请趋势（续）

7.1.2.2　我国专利地域分布趋势分析

如表 7-1-5 所示，2000 年以前，我国轨道交通装备产业以北方省份为主，2000 年以后，中部及华南沿海城市专利技术逐步加强，形成了华北+中部两大核心基地，湖南专利申请量在国内排名也从 1985—2000 年的第 6 位上升至现今的第 1 位，整体专利技术实力大幅增强。

7.1.2.3　中国创新发展力趋势分析

下面结合经济发展的数据对国内专利申请量 TOP10 省份专利申请量进行分析。如图 7-1-10 所示，湖南由于专利申请量高，GDP 体量相对较小，所以其创新发展力整体数据较高。北京地区，由于专利申请量高，GDP 体量也较高，所以其创新发展力整体数据比湖南稍小，位居第二。北京、湖南受近年专利申请量下降而导致整体创新力有所降低，特别是湖南下降幅度较大，需要注意加大专利技术的产出。

下面从专利被引证角度分析专利技术原创力。如果被引证专利量占比高，则说明该批专利原创力较强。将国内专利申请量 TOP10 省份被引证专利量进行对比分析，如图 7-1-11 所示，虽然湖南专利申请量多，被引证专利量居前列，但占比上仅与 TOP10 省份平均值持平，这说明湖南技术原创力在国内居于中等。结合国内专利申请量 TOP10 省份高校/科研单位专利申请情况，和企业与高校/科研单位专利联合申请情况两个维度，发现湖南在该两个维度指标下其专利申请量和占比均明显偏低，这说明湖南的基础技术创新能力及其转移能力相对偏低。

表7-1-4 中国专利申请量TOP10省份近20年专利申请量占比

单位：%

省份	2001	2002	2003	2004	2005	2006	2007	2008	2009	2010	2011	2012	2013	2014	2015	2016	2017	2018	2019	2020
湖南	54.2	45.9	-3.7	36.5	-7.0	68.2	34.2	24.2	50.8	38.0	56.9	12.1	13.9	52.3	5.7	64.4	12.4	-0.6	-4.5	-7.7
北京	37.5	54.5	4.4	0.0	1.4	76.4	11.0	109.2	2.4	18.5	64.5	-3.2	-12.5	42.7	9.7	17.7	19.2	12.3	43.9	-12.3
江苏	33.3	65.0	57.6	-40.4	-6.5	89.7	114.5	20.3	45.1	61.7	48.6	10.1	1.5	37.3	13.3	0.7	0.3	49.6	23.2	7.6
山东	70.0	29.4	50.0	-45.5	238.9	34.4	-2.4	101.3	51.6	-4.5	47.2	18.4	6.7	37.9	6.5	21.5	-9.7	41.4	14.8	33.8
四川	82.5	-19.4	0.0	-16.0	85.7	335.9	-20.6	-11.9	52.9	4.9	38.2	4.2	26.5	24.4	28.2	0.7	61.5	8.5	3.0	21.0
广东	85.7	38.5	-11.1	25.0	70.0	-8.8	119.4	8.8	43.2	-1.9	50.0	-30.8	70.4	-4.3	67.6	119.7	44.4	6.3	-2.7	-5.2
上海	125.0	-38.9	204.5	-22.4	34.6	28.6	-4.4	55.8	29.9	2.9	3.9	21.5	-13.3	37.2	-2.6	73.7	-15.4	29.6	28.3	29.4
湖北	-38.1	15.4	20.0	0.0	50.0	33.3	-25.0	174.1	24.3	23.9	38.6	7.6	15.3	28.1	28.7	61.9	0.8	10.1	51.7	-9.7
河北	-34.5	36.8	19.2	0.0	-9.7	21.4	-44.1	115.8	95.1	30.0	-17.3	95.3	12.5	3.2	-1.0	67.9	30.6	20.3	4.9	9.0
浙江	-40.0	0.0	216.7	-42.1	81.8	110.0	-47.6	204.5	37.3	1.1	22.6	23.7	-12.1	40.3	13.2	47.2	28.6	31.6	0.0	26.3

说明：专利申请量涨幅数据为"（当年专利申请量－前一年专利申请量）／前一年专利申请量×100%"后得出，例如，湖南2002年专利申请量涨幅为54.2%，为"（湖南2002年专利申请量－湖南2001年专利申请量）／湖南2001年专利申请量×100%"后得出。

表 7-1-5 我国专利申请量 TOP 省份

排名	整体排名 省份	整体排名 占比/%	1985—2000年排名 省份	1985—2000年排名 占比/%	2001—2005年排名 省份	2001—2005年排名 占比/%	2006—2010年排名 省份	2006—2010年排名 占比/%	2011—2015年排名 省份	2011—2015年排名 占比/%	2016—2020年排名 省份	2016—2020年排名 占比/%
1	湖南	11.9	辽宁	7.3	北京	6.1	北京	8.4	湖南	10.8	湖南	13.1
2	北京	8.5	北京	7.0	湖南	5.8	湖南	7.3	江苏	8.8	江苏	8.6
3	江苏	8.4	黑龙江	4.5	上海	4.7	江苏	6.2	北京	8.1	北京	8.0
4	山东	6.8	河北	4.1	辽宁	4.4	山东	6.1	山东	6.6	山东	6.6
5	四川	5.9	山东	3.3	江苏	3.6	四川	5.7	四川	5.1	四川	6.2
6	广东	4.5	湖南	3.1	山东	3.2	上海	4.5	湖北	3.0	广东	5.7
7	湖北	3.9	陕西	3.1	四川	3.1	辽宁	3.6	上海	2.9	湖北	4.4
8	上海	3.8	河南	2.8	河北	3.0	广东	2.6	安徽	2.7	上海	3.7
9	河北	3.0	江苏	2.7	河南	2.9	湖北	2.6	辽宁	2.6	河北	3.0
10	浙江	2.7	吉林	2.4	黑龙江	2.5	浙江	2.4	广东	2.5	浙江	2.9

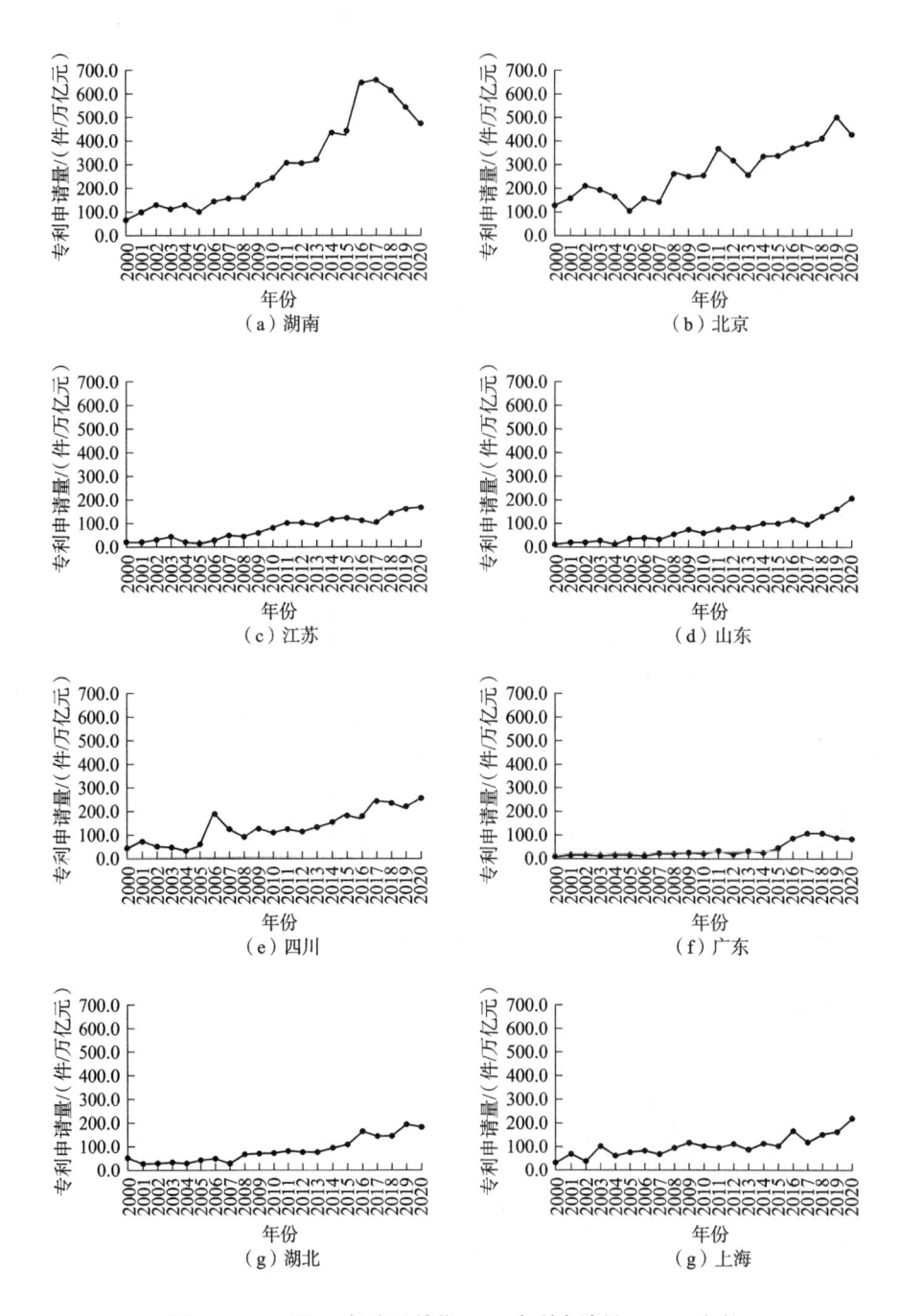

图 7-1-10 近 20 年我国单位 GDP 专利申请量 TOP10 省份

（i）河北　　　　　　　　　　（j）浙江

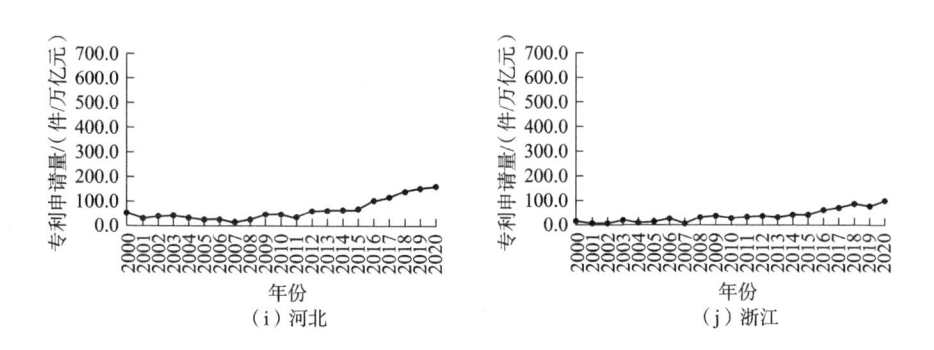

图 7-1-10　近 20 年我国单位 GDP 专利申请量 TOP10 省份（续）

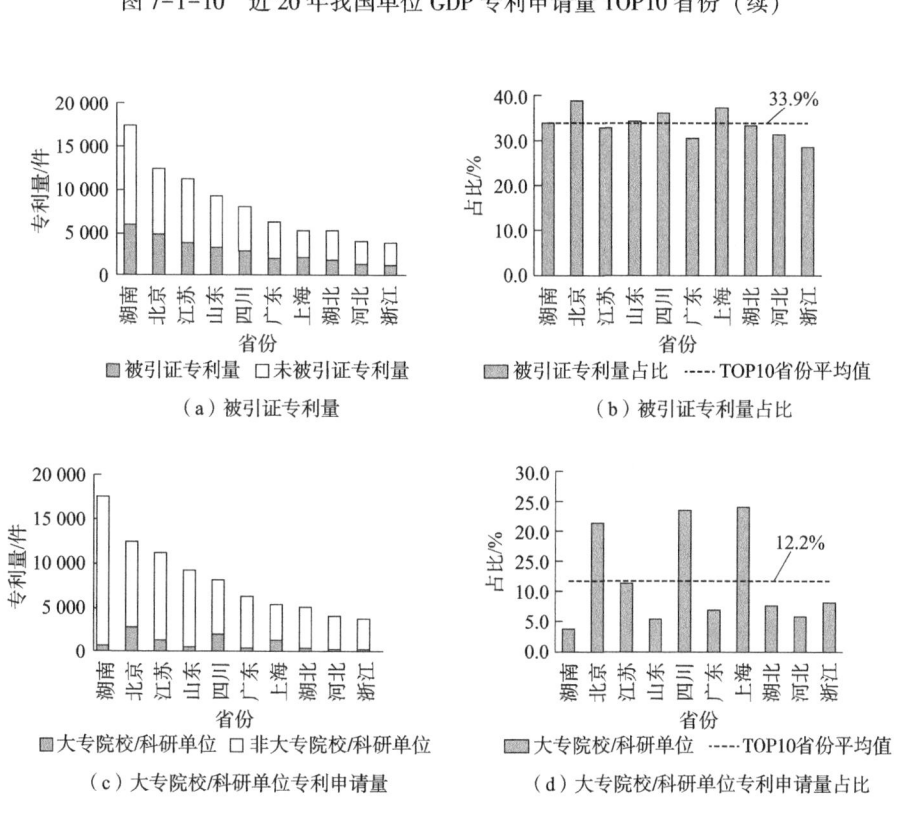

（a）被引证专利量　　　　　　　　（b）被引证专利量占比

（c）大专院校/科研单位专利申请量　　（d）大专院校/科研单位专利申请量占比

图 7-1-11　全国专利申请量 TOP10 省份技术原创力/基础技术创新能力分析

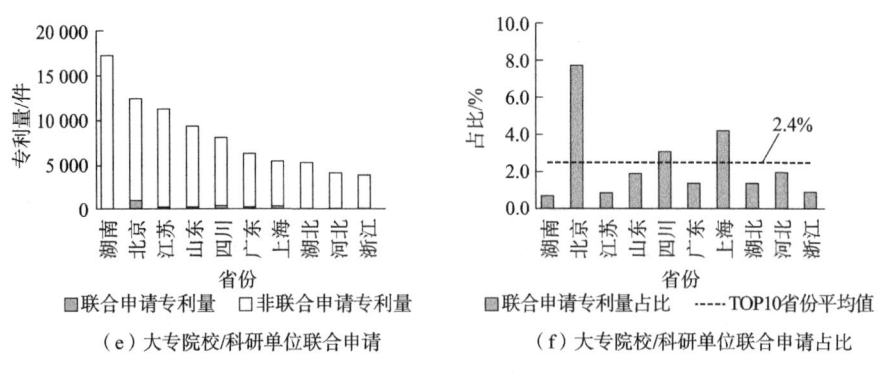

(e)大专院校/科研单位联合申请 (f)大专院校/科研单位联合申请占比

图 7-1-11 全国专利申请量 TOP10 省份技术原创力/基础技术创新能力分析（续）

7.1.2.4 我国产业链发展趋势分析

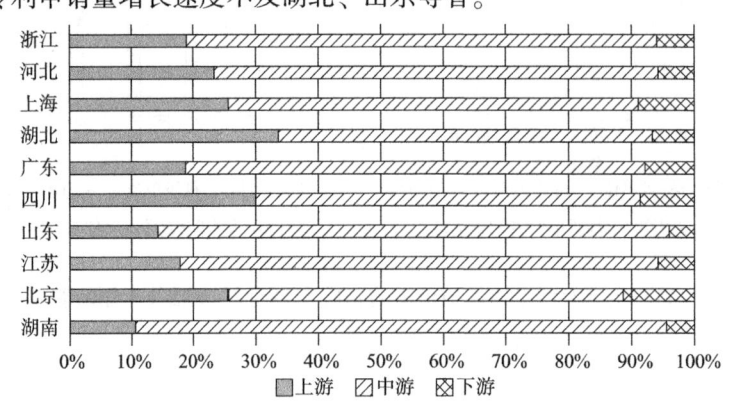

轨道交通装备技术领域近 20 年全国专利申请量 TOP10 省份产业链上中下游专利申请量占比分析如图 7-1-12 所示，国内同全球情况一致，产业中游专利申请量占据较大比例。进一步对国内专利申请量 TOP10 省份产业专利申请量涨幅情况进行分析，如表 7-1-6、表 7-1-7 及表 7-1-8 所示，国内专利申请量 TOP10 省份上中下游专利申请量占比增长趋势走向基本一致，大多数省份在产业上游专利申请占比稍有提升，产业中游有所降低，主要在产业下游增长。而湖南地区产业结构两极分化更加突出，产业中游占比更高，而两端薄弱。虽然湖南近 5 年专利申请量向产业下游倾斜，但是专利申请量增长速度不及湖北、山东等省。

图 7-1-12 近 20 年全国专利申请量 TOP10 省份产业链上中下游专利申请占比

第7章 轨道交通装备产业全景分析

表 7-1-6 全国专利申请量 TOP10 省份近 20 年产业上游专利申请量占比与涨幅

省份	专利申请数量在本省份占比/%					涨幅/百分点			
	1996—2000 (A)	2001—2005 (B)	2006—2010 (C)	2011—2015 (D)	2016—2020 (E)	2001—2005 (B-A)	2006—2010 (C-B)	2011—2015 (D-C)	2016—2020 (E-D)
湖南	29.3	15.4	14.1	9.2	10.2	-13.9	-1.3	-4.9	1.0
北京	28.8	18.6	20.4	24.9	27.3	-10.2	1.8	4.5	2.4
江苏	13.8	12.6	18.1	16.5	18.3	-1.2	5.5	-1.6	1.8
山东	27.8	19.5	15.2	14.7	13.8	-8.3	-4.3	-0.5	-0.9
四川	31.5	30.8	36.2	27.1	30.4	-0.7	5.4	-9.1	3.3
广东	14.0	9.6	20.0	13.2	19.8	-4.4	10.4	-6.8	6.6
湖北	32.0	22.3	25.9	29.8	35.9	-9.7	3.6	3.9	6.1
上海	17.2	27.3	24.2	26.0	26.8	10.1	-3.1	1.8	0.8
河北	40.0	39.2	32.0	22.5	20.9	-0.8	-7.2	-9.5	-1.6
浙江	24.5	22.2	21.0	15.1	19.7	-2.3	-1.2	-5.9	4.6

表7-1-7 全国专利申请量TOP10省份近20年产业中游专利申请量占比与涨幅

省份	专利申请数量在本省份占比/%					涨幅/百分点			
	1996—2000 (A)	2001—2005 (B)	2006—2010 (C)	2011—2015 (D)	2016—2020 (E)	2001—2005 (B-A)	2006—2010 (C-B)	2011—2015 (D-C)	2016—2020 (E-D)
湖南	69.3	80.1	82.0	87.3	85.3	10.8	1.9	5.3	-2.0
北京	64.0	67.2	66.7	66.3	60.7	3.2	-0.5	-0.4	-5.6
江苏	84.0	79.8	78.7	78.6	75.6	-4.2	-1.1	-0.1	-3.0
山东	71.1	74.5	80.6	83.1	82.0	3.4	6.1	2.5	-1.1
四川	66.7	62.7	57.3	65.9	60.3	-4.0	-5.4	8.6	-5.6
广东	86.0	79.1	71.7	80.9	72.3	-6.9	-7.4	9.2	-8.6
湖北	64.0	70.5	70.5	66.6	56.7	6.5	0.0	-3.9	-9.9
上海	77.6	68.0	69.1	67.6	62.5	-9.6	1.1	-1.5	-5.1
河北	59.1	54.9	63.7	74.9	72.4	-4.2	8.8	11.2	-2.5
浙江	75.5	73.8	74.9	82.0	73.4	-1.7	1.1	7.1	-8.6

表 7-1-1-8 全国专利申请量 TOP10 省份近 20 年产业下游专利申请量占比与涨幅

省份	专利申请数量在本省份占比/%					涨幅/百分点			
	1996—2000 (A)	2001—2005 (B)	2006—2010 (C)	2011—2015 (D)	2016—2020 (E)	2001—2005 (B-A)	2006—2010 (C-B)	2011—2015 (D-C)	2016—2020 (E-D)
湖南	1.3	4.5	3.9	3.5	4.5	3.2	-0.6	-0.4	1.0
北京	7.2	14.2	12.8	8.7	12.0	7.0	-1.4	-4.1	3.3
江苏	2.1	7.5	3.2	4.9	6.1	5.4	-4.3	1.7	1.2
山东	1.1	6.0	4.2	2.2	4.2	4.9	-1.8	-2.0	2.0
四川	1.9	6.5	6.6	7.0	9.3	4.6	0.1	0.4	2.3
广东	0.0	11.2	8.3	5.9	7.9	11.2	-2.9	-2.4	2.0
湖北	4.0	7.2	3.6	3.6	7.4	3.2	-3.6	0.0	3.8
上海	5.2	4.7	6.7	6.4	10.6	-0.5	2.0	-0.3	4.2
河北	0.9	5.9	4.2	2.5	6.7	5.0	-1.7	-1.7	4.2
浙江	0.0	4.0	4.1	2.9	6.9	4.0	0.1	-1.2	4.0

7.1.3 小　结

在轨道交通装备产业技术领域，从全球来看：

（1）中国专利起步晚，增速快。

（2）中国专利申请量占比高，国际影响力逐步扩大。由于专利技术起步晚的原因，要实现专利技术引领还有较长一段路需要走。

（3）中国创新发展力高，整体趋势向好，而其他主要国家近年创新发展力趋势向下，我国可以抓住此机遇，快速加强产业专利全球布局，同时，增强技术原创力。

（4）全球产业专利格局以中游为主，近年主要向下游延伸。我国近年在产业上游专利申请量有一定增长，在中游稳中有降，在下游增长明显。

从国内来看：

（1）国内主要省份几乎同时起步，湖南、北京增速明显，但湖南后劲不足。

（2）国内产业地域分布基本形成华北、中部两大核心地带，湖南位居第一梯队，为中部龙头。

（3）湖南、北京创新发展力较高，近年受专利申请量影响有所降低；湖南的基础技术创新能力偏低，技术原创力需加强。

（4）湖南产业结构中游突出，两端薄弱。目前，湖南在产业下游专利申请量有一定程度的增长，但增长速度不及山东、湖北等省。

7.2　产业链上中下游技术结构对比

本节主要根据轨道交通装备产业上中下游以及各技术分支专利数据，对全球地域分布、产业链上中下游生命周期以及主要国家/组织产业上中下游各技术分支专利占比等进行分析。

7.2.1 产业专利全球分布

如表 7-2-1 所示,世界范围内轨道交通装备产业的专利公开量排名前 10 的申请国家/组织分别是中国、日本、美国、德国、法国、英国、欧洲专利局(EPO)、世界知识产权组织(WIPO)、韩国、俄罗斯,其中亚洲地区的中国和日本,专利申请量共占前 10 国家/组织的 47%,其次是美国,占 16%。

表 7-2-1　轨道交通装备产业 TOP10 国家/组织专利申请量及占比

排名	国家/组织	专利申请量/件	申请量占比/%
1	中国	105 556	27
2	日本	76 188	20
3	美国	62 509	16
4	德国	44 392	11
5	法国	25 751	7
6	英国	17 665	5
7	欧洲专利局(EPO)	17 389	4
8	世界知识产权组织(WIPO)	13 979	4
9	韩国	13 206	3
10	俄罗斯	13 139	3

7.2.2 全球产业链专利分布及发展情况

目前,我国轨道交通装备产业已形成完整的产业链。

如图 7-2-1 所示,通过筛选 2000—2020 年全球轨道交通装备产业的专利申请数据,我们发现中游是轨道交通装备产业的核心环节,其专利申请量约占整体产业链的七成,是当前竞争最为激烈的环节。下面结合我国的市场规模,以及全球该产业的专利技术生命周期来分析产业链各环节的发展情况。

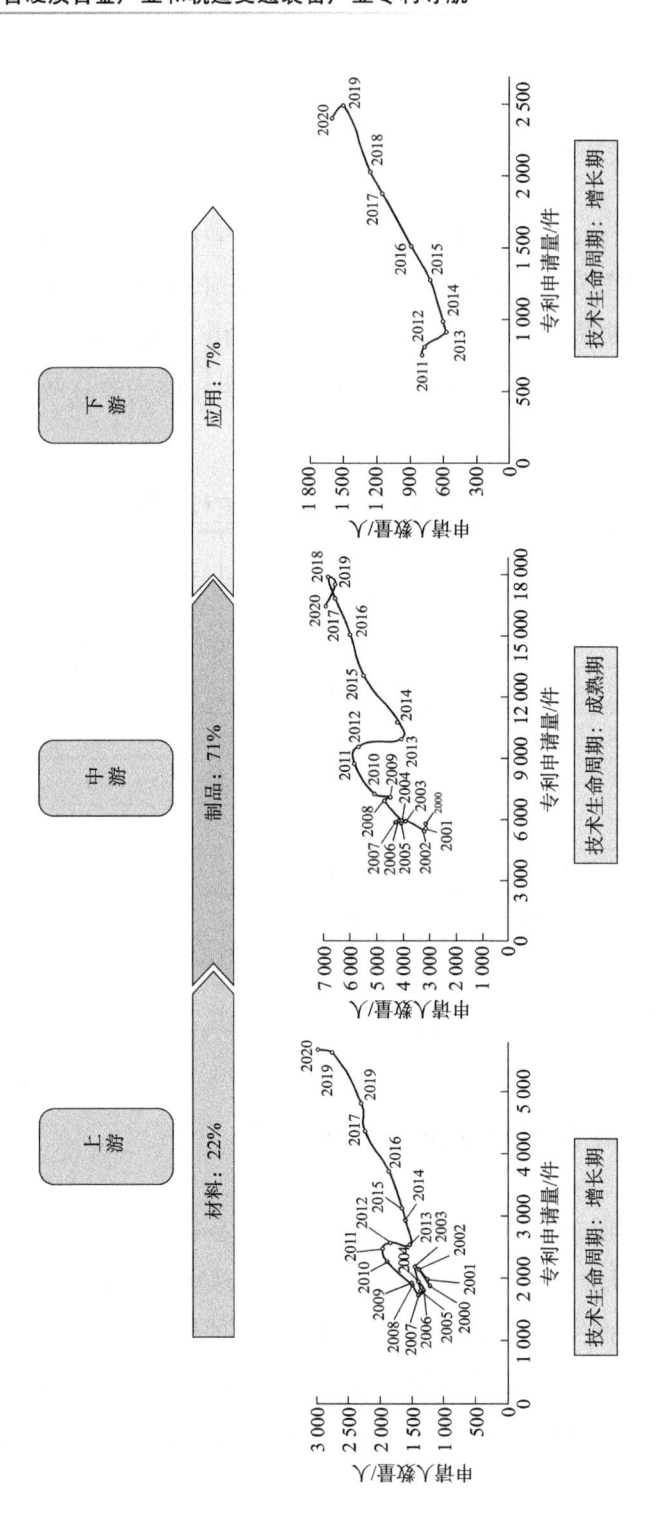

图 7-2-1 全球轨道交通装备产业链生命周期

注：图中趋势线上所标数字为年份。

上游材料环节，原材料主要为特种钢材、铝材、合金、橡胶等；除材料外，上游环节还包括基础建筑设计与施工、工程机械设备研发与生产、轨道基建配套设备生产等。全球涉及上游材料环节的专利申请量占总数的22%。其中，热点技术为轨道基建配套设备生产，包括高速道岔、轨道板、轨枕等技术，其专利申请量占上游环节的75%。从技术生命周期分析来看，上游环节的技术发展处于增长期。虽然2020年受疫情影响，产量有所下降，但是有些细分行业依然坚挺，例如铝材在1—4月增速维持在10%以上，仅较2019年全年增速下浮3.79%。但整体随着疫情的好转、复工复产的加速，钢材、铝材、橡胶等产量逐渐回升。根据数据显示，截至2020年7月，我国粗钢产量为59 317万吨，同比增长2.8%；生铁产量为51 086万吨，同比增长3.2%；钢材产量为72 395万吨，同比增长3.7%；铝材产量为3 103.7万吨，累计增长7.9%；合成橡胶产量为398.3万吨，同比增长1.0%。❶

全球涉及中游的专利申请量占总数的71%，技术已趋于成熟，技术热点在于研发与制造、信息化设备及系统。轨道交通关键零配件专利占比最大的为电缆和轨枕，占比13%。电缆是一种电能或信号传输装置，通常是由几根或几组导线组成。轨枕又称枕木，是铁路配件的一种，列车经过时，它可以适当变形以缓冲压力，但列车经过后还得尽可能恢复原状，是轨道交通装备重要的零部件之一。在国家利好政策引导和市场强劲需求拉动下，我国轨道交通装备制造业正进入高速成长期，数据显示，2016—2019年我国城轨车辆数量从24 058辆增长至40 998辆，复合增长率19.44%。2020年我国铁路机车车辆及动车组制造业销售收入超过3 500亿元。❷

从专利数据来看，全球涉及应用的专利申请占总数的7%，进一步研究发现，技术热点在于铁路车辆的辅助测量装置，如铁路车辆外形测量器、部件过热的探测或指示装置等。从技术生命周期来看，应用技术处于技术增长期。从全球整体下游端专利技术来看，技术发展较快，产品附加

---

❶ 我国轨道交通装备制造行业产业链分析：下游需求推动发展[EB/OL].（2020-09-11）[2022-05-11]. http://free.chinabaogao.com/jiaotong/202009/0911514W22020.html.

❷ 2021年中国轨道交通装备行业产业链全景图上中下游市场及企业剖析[EB/OL].（2022-10-15）[2022-12-11]. http://rtai.org.cn/list8/21519.html.

值高，高端应用产品现处于产品开发和市场需求引导阶段。我国的下游市场需求也在不断增长，推动我国轨道交通装备制造快速发展。铁路交通方面，自 2014 年以来，我国铁路运营里程逐年增长，2019 年我国铁路营业里程达 13.9 万公里以上，全国铁路路网密度为 145.5 公里/万公里^2；自 2011 年以来，我国高速铁路营业里程逐年走高，并逐渐超过世界高铁总里程的 2/3，成为世界上高铁里程最长、运输密度最高、成网运营场景最复杂的国家。城市轨道交通方面，近年来随着我国经济高速增长、城市化进程的不断加快，人口膨胀、环境污染、道路拥堵等问题也不断凸显，因此建立高效快捷的城市公共交通体系成为解决上述问题的重要途径。数据显示，截至 2019 年末，我国（不包括港澳台地区）已有 40 个城市开通城轨线路，运营线路总里程达 6 730.3 公里，同比增长 16.8%。从城市轨道交通运营里程结构来看，目前地铁的运营里程占比最大，达到了 77.1%；其次为市域快轨、现代有轨电车、轻轨和其他，分别占比 10.6%、6.0%、3.8% 和 2.5%。❶

7.2.3　部分国家/地区/组织技术构成情况

下面筛选 2010—2020 年的专利申请量和公开量排名靠前的国家/地区/组织（中国、日本、美国、WIPO、湖南）的数据进行对比分析，了解我国以及湖南地区的产业技术构成与其他主要国家/地区/组织的差异，以保障湖南地区和全国未来高质量可持续发展的总体方向与国际接轨，对产业链进行合理布局，达到补链、强链的目的。

图 7-2-2 为主要专利来源国/组织在其上中下游各技术分支的专利申请量占比情况。

从图 7-2-2 的上游各技术分支的原创技术占比来看，轨道基建配套设备生产是上游重点，尤其中国在该分支申请专利占产业链总量的 17%，具有一定优势。

---

❶ 中国国家铁路集团有限公司. 中国国家铁路集团有限公司 2019 年统计公报 [EB/OL]. (2020-01-10) [2022-05-11]. http://www.china-railway.com.cn.

第 7 章 轨道交通装备产业全景分析

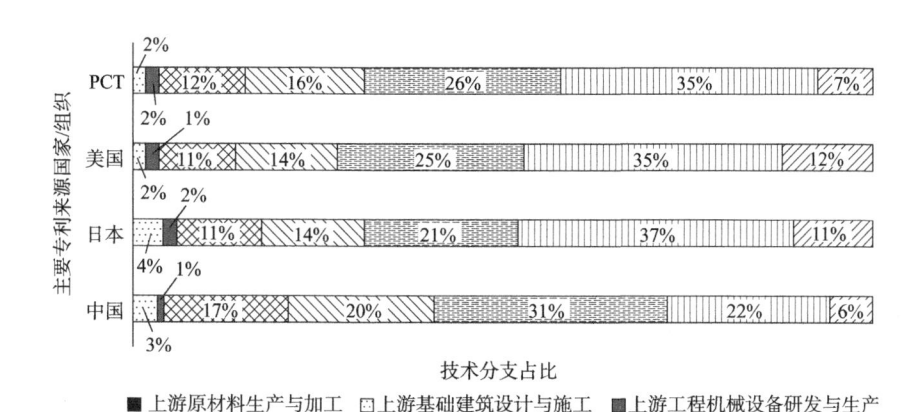

图 7-2-2 主要专利来源国家/组织原创技术构成分布图

注：上游原材料生产与加工专利申请量均低于 1%，因此在图中未有体现。

PCT 专利申请代表着各国较为前沿且重视的专利技术，其技术构成以中游的信息化设备及系统为重点，占整体产业链的 35%；其次是关键零配件研发和制造，占整体产业链的 26%；下游的应用技术仅占 7%。这说明目前全球高附加值的前沿技术主要集中在中游，尤其是信息化技术，而下游的应用技术占比不高。

中游产业链是各国的核心产业，从其技术分支来看，侧重点有所区别。美国以关键零配件研发与制造、信息化设备及系统为主，分别占整体产业链的 25% 和 35%，整车制造技术的比重较小，仅占整体产业链的 14%。日本以信息化设备及系统为主，占其整体产业链的 37%。中国则以关键零配件研发与制造为主，占其整体产业链的 31%，整车制造和信息化设备及系统分别占其整体产业链的 20% 左右。通过进一步与国外专利对比发现，虽然我国关键零配件研发与制造专利申请量较多，但是仍有部分关键零部件在性能、质量及生产技术方面与国际知名企业相比有一定差距，如动车制动系统、连接器、受电弓等核心零配件缺乏核心技术，主要依赖进口。

另外，值得注意的是中国在信息化设备及系统方面较美国、日本薄弱，目前，基于通信的列车自动控制系统、轨道交通线网状态智能化监测、列车运行状态安全感知及预警、基于人脸识别的乘客快速进出站管理、无感支付等,都已得到了成功应用。

下游应用技术各国占比都较少,但美国、日本均占据各自整体产业链的约10%,而中国在下游应用技术的专利布局仅占6%。

如图7-2-3所示,中国的原创技术构成和市场技术构成在产业链的技术结构上占比相差不大,可以做到自产自销;与国际市场相比,信息化设备及系统的市场较弱,关键零配件研发与制造占比偏高,但高端技术方面的储备与国外仍存在一定差距。湖南地区的产业研发力量主要集中在中游,且在中游的各技术分支投入的研发力量较均衡,下游的应用技术需加强投入。

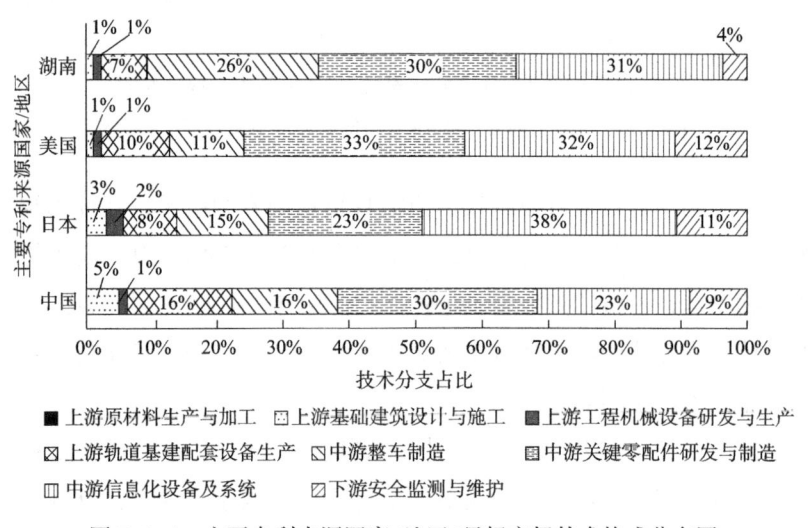

图 7-2-3 主要专利来源国家/地区/目标市场技术构成分布图

7.2.4 小 结

本节以中国、日本、美国为代表的具有专利控制力的主要国家在轨道交通装备产业链上的专利布局进行了研究,研判产业技术发展方向。全球轨道交通装备产业发展具有以下特点。

(1) 全球产业链上游和下游的技术处于增长期,中游技术趋于成熟。

如表7-2-2所示,近10年来,从专利布局揭示的技术结构来看,主要国家基本已经从低端的材料市场撤出,但在基础建筑设计与施工方面,中国和日本仍具有一定的技术和市场控制力，热点技术为轨道基建配套设备生产，包括高速道岔、轨道板、轨枕等技术，其专利申请量占上游环节的75%，中游环节技术趋于成熟，热点技术在于关键零配件研发与制造、信息化设备及系统。下游应用环节市场需求旺盛，处于技术增长期，技术热点在于铁路车辆的辅助测量装置，如铁路车辆外形测量器、部件过热的探测或指示装置等，其技术创新的空间相较于中游而言更广阔。

表 7-2-2　轨道交通装备产业产业链全球上中下游技术结构对比

产业链	发展阶段	热点技术
上游	增长期	轨道基建配套设备生产，包括高速道岔、轨道板、轨枕等技术
中游	成熟期	关键零配件研发与制造、信息化设备及系统
中游	增长期	铁路车辆的辅助测量装置，如铁路车辆外形测量器、部件过热的探测或指示装置等

（2）主要国家在中游环节竞争激烈，各国技术研发各有侧重。

美国和日本在信息化设备及系统的技术研发上布局都较多，并均延伸产业链至下游应用，研发高附加值的下游产品，引导形成了新的消费需求。中国的研发力量重点放在关键零配件研发与制造，而信息化技术相对美国、日本较弱，因此，我国还需进一步提升附加值较高的专利布局，发展高精尖技术，加强信息化设备及系统方面技术的研究，加强关键零配件研发和制造技术的核心技术的开发。从PCT专利申请的市场技术构成来看，国际前沿技术主要布局在中游的信息化设备及系统和关键零配件研发和制造，而下游应用技术占比不高。因此我国在下游应用技术上具有赶超的机会，应抓住时机，加大应用技术的研发。

（3）湖南地区在下游应用领域的专利储备不足。

湖南在中游产业链的技术配比较为均衡，可进一步分析其技术与全国乃至国际的技术之间的差异，以便明确湖南在该领域的优劣势。另外，湖南高端应用领域是薄弱板块，建议研究全球龙头企业的信息化应用技术，加大下游应用技术的专利布局。

7.3 专利申请人分析

本节依据轨道交通装备产业主要专利申请人数据，对全球、中国、湖南主要申请人排名、主要申请人产业上中下游专利分布以及主要申请人在中游各分支专利布局情况进行分析。

7.3.1 产业链整体专利申请人情况分析

图7-3-1和表7-3-1共同展示了在全球、中国和湖南三个地域维度下，轨道交通装备产业整体专利申请量排名前6的申请人情况及其各自在产业链上中下游的专利申请量的分布结构。

从申请人排名情况来看：

（1）在全球范围，轨道交通装备产业专利申请总量排名前6的申请人主要来自德国、中国、日本和奥地利，其中日本申请人占比达50%。具体从专利申请量来看，德国的西门子以15 866件相关专利申请居于首位，来自日本的日立和来自中国的中车时代电气分别以10 005件和8 344件相关专利申请占据第二、第三位，剩余三位依次为日本的三菱、奥地利的普拉塞陶依尔和日本的东芝，上述申请人的专利申请量与前三位差距较大。

（2）在我国，排名靠前的申请人主要来自湖南、山东、湖北、四川、广东和吉林，其中中车时代电气的中国专利申请量最高，拥有8 000件以上的专利申请，远高于其他国内申请人。从国内排名前6的申请人类型来看，中国中车在轨道交通装备产业占据很大的话语权，国内排名第一、第二的申请人均来自中国中车旗下的子公司。西南交通大学表现也较突出，是唯一一所专利申请量进入全国前6的高等院校。此外，排名前6的申请人中，企业型申请人占据5个位置，大部分属于央企，而比亚迪集团（以下简称"比亚迪")作为唯一一家民营企业也跻身全国前 6，因此其技术研发方向值得关注。

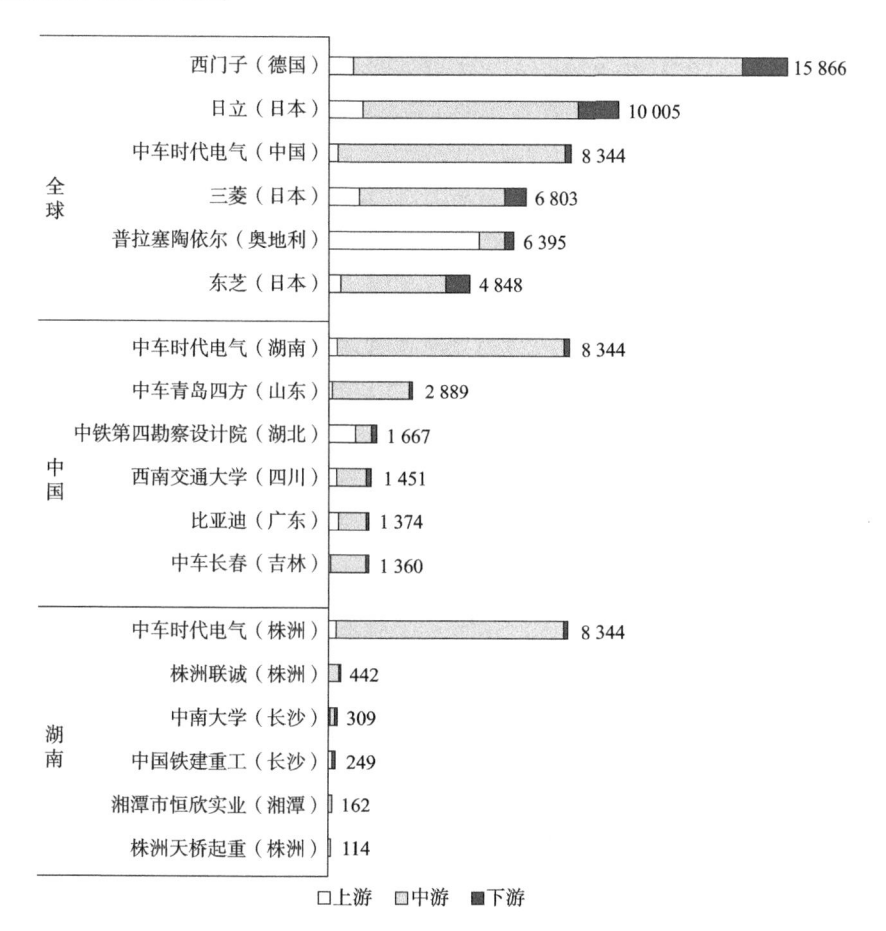

```
全球
  西门子（德国）         15 866
  日立（日本）           10 005
  中车时代电气（中国）     8 344
  三菱（日本）            6 803
  普拉塞陶依尔（奥地利）   6 395
  东芝（日本）            4 848

中国
  中车时代电气（湖南）     8 344
  中车青岛四方（山东）     2 889
  中铁第四勘察设计院（湖北）1 667
  西南交通大学（四川）     1 451
  比亚迪（广东）           1 374
  中车长春（吉林）         1 360

湖南
  中车时代电气（株洲）     8 344
  株洲联诚（株洲）         442
  中南大学（长沙）         309
  中国铁建重工（长沙）     249
  湘潭市恒欣实业（湘潭）   162
  株洲天桥起重（株洲）     114
```

□ 上游　□ 中游　■ 下游

图 7-3-1　区域专利申请量排名前 6 申请人排名及其在产业链上的分布结构（单位：件）

表 7-3-1　专利申请量排名前 6 的申请人及其在产业链上的专利分布结构　　　单位：%

	排名	申请人	上游专利申请量占比	中游专利申请量占比	下游专利申请量占比
全球	1	西门子	5	85	10
	2	日立	12	74	14

续表

排名		申请人	上游专利申请量占比	中游专利申请量占比	下游专利申请量占比
全球	3	中车时代电气	4	94	2
	4	三菱	15	74	11
	5	普拉塞陶依尔	81	13	6
	6	东芝	8	75	17
中国	1	中车时代电气	4	94	2
	2	中车青岛四方	5	91	4
	3	中铁第四勘察设计院	57	33	10
	4	西南交通大学	20	70	10
	5	比亚迪	26	70	4
	6	中车长春	6	91	4
湖南	1	中车时代电气	4	94	2
	2	株洲联诚	5	88	7
	3	中南大学	28	53	18
	4	中国铁建重工	69	22	8
	5	湘潭市恒欣实业	20	80	0
	6	株洲天桥起重	99	1	0

（3）在湖南，排名靠前的申请人来自株洲、长沙和湘潭，其中中车时代电气属于湖南省轨道交通装备产业的重要企业。从具体市州来看，株洲是省内轨道交通装备产业的重点地域，50%的申请人来自株洲，除中车时代电气外，还有株洲联诚集团控股股份有限公司（以下简称"株洲联诚"）和株洲天桥起重机股份有限公司（以下简称"株洲天桥起重"）位列湖南专利申请量前6。在长沙，中南大学和中国铁建重工集团股份有限公司（以下简称"中国铁建重工"）也跻身前6，其中中南大学专利申请量排名第三，且是湖南唯一一所轨道交通装备产业专利申请量靠前的高等院校。

从申请人在产业链的专利申请分布结构情况来看，整体上，大部分申请人的布局重点为中游，该情况在全球视域下最为明显，产业专利申请量总排名前六位申请人中，有5位申请人在中游专利申请占比在74%以上。

该情况在中国和湖南依次减弱,在中国,中游专利申请占比在70%以上的申请人有5位,而在株洲,中游专利申请占比在70%以上的申请人仅有3位。上述情况表明,全球龙头企业在产业链的布局趋势为附加值较高的中游,属于当前全球申请人竞争最激烈的环节,而国内专利申请人在轨道交通装备产业链的布局与海外企业存在差异,国内企业在上游布局专利较多,因此我国需要加强中游关键技术的专利储备。

7.3.2 产业链上中下游申请人情况分析

图 7-3-2 展示了全球、中国和湖南三个地域维度下,轨道交通装备产业链上中下游主要申请人排名情况,通过相关专利申请数据我们可明晰产业链上中下游具备竞争优势的申请人信息。

在上游环节,除奥地利企业普拉塞陶依尔外,其余申请人的专利申请布局量均不超过1 200件。从申请人类型来看,上游专利申请储备量靠前的申请人均为企业,高校/研究所不属于该环节的主要申请人。从排名情况来看,全球专利申请量排名前三的申请人分别来自奥地利的普拉塞陶依尔、日本的日立和来自中国的中铁第四勘察设计院,其中普拉塞陶依尔在上游布局了5 181件相关专利申请,进一步分析发现,该公司在上游主要围绕轨道基建配套设备生产的相关技术进行大量布局,该领域的技术属于普拉塞陶依尔的业务重点;中国排名前三的申请人主要来自中央企业和民营企业,具体依次为湖北省的中铁第四勘察设计院,四川省的中国中铁二院和广东省的比亚迪,其中基础建筑设计与施工和轨道基建配套设备生产的相关技术是中铁第四勘察设计院在上游的重点布局方向;同其他省份相比,湖南在上游的专利申请布局量较弱,排名前三的申请人主要来自中车时代电气、中国铁建重工和株洲天桥起重。

中游环节是申请人重点布局对象,企业和高等院校均重点在该环节进行技术研发和专利布局。全球专利申请量前三的申请人在该环节均布局了7 000件以上的相关专利申请,中车时代电气作为中国企业,以近8 000件的专利申请量跻身全球第二,德国西门子和日本日立分占第一、三位,其中西门子在中游的信息化设备及系统技术领域重点布局,在该领域拥有

9 000 件以上的专利申请。对于产业链中游环节，中车时代电气是中国以及湖南地区的主要申请人，专利申请储备量远高于其他申请人，具体来看，中国专利申请量前三的申请人主要来自中国中车和高等院校，分别为中车时代电气、中车青岛四方和西南交通大学。其中中车青岛四方和西南交通大学分别拥有 2 633 件和 1 022 件相关专利申请。湖南省专利申请量前三的申请人主要来自中车时代电气、株洲联诚和中南大学，其中株洲联诚和中南大学分别布局了 388 件和 165 件相关专利申请。

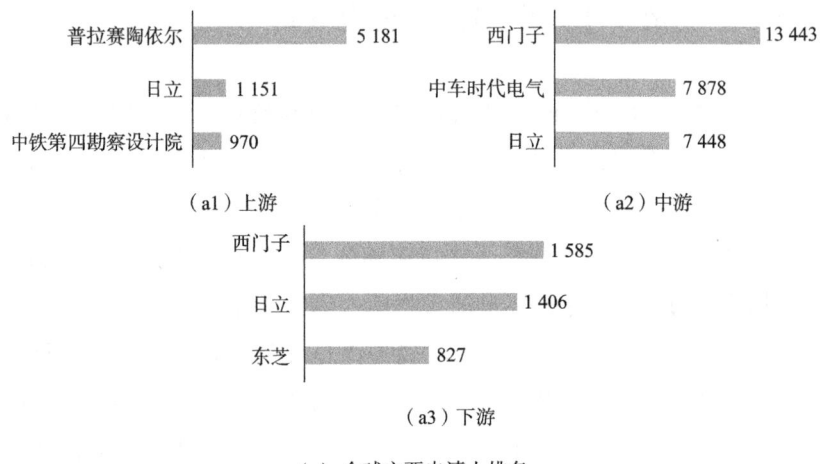

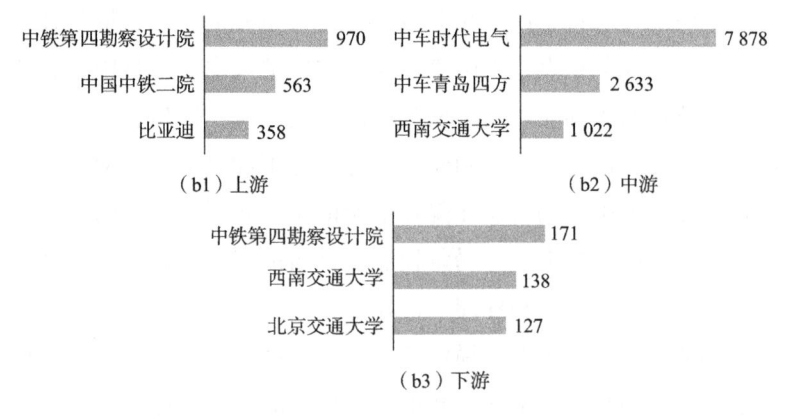

普拉赛陶依尔	5 181	西门子	13 443
日立	1 151	中车时代电气	7 878
中铁第四勘察设计院	970	日立	7 448

（a1）上游　　　　　　　　　　（a2）中游

西门子	1 585
日立	1 406
东芝	827

（a3）下游

（a）全球主要申请人排名

中铁第四勘察设计院	970	中车时代电气	7 878
中国中铁二院	563	中车青岛四方	2 633
比亚迪	358	西南交通大学	1 022

（b1）上游　　　　　　　　　　（b2）中游

中铁第四勘察设计院	171
西南交通大学	138
北京交通大学	127

（b3）下游

（b）中国主要申请人排名

图 7-3-2　轨道交通装备产业链上中下游主要申请人排名（单位：件）

中车时代电气	299	中车时代电气	7 878
中国铁建重工	173	株洲联诚	388
株洲天桥起重	113	中南大学	165

（c1）上游　　　　　　　　　（c2）中游

中车时代电气	167
中南大学	56
中达特科	44

（c3）下游

（c）湖南主要申请人排名

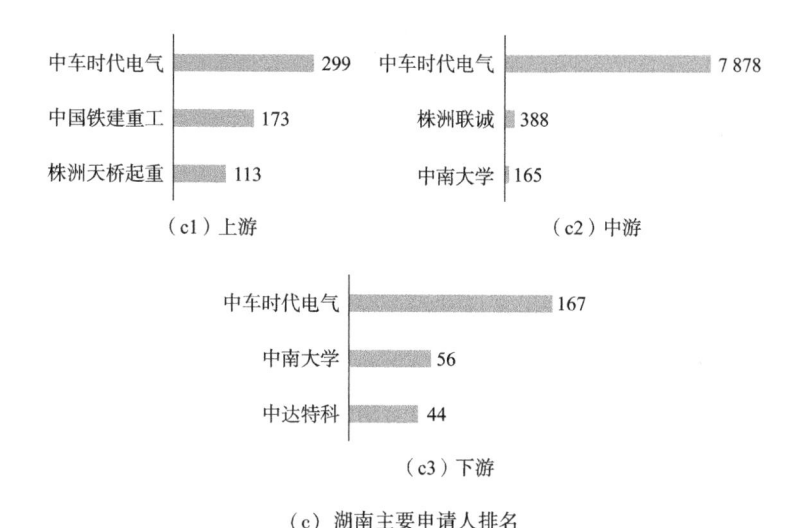

图 7-3-2　轨道交通装备产业链上中下游主要申请人排名（续；单位：件）

国内申请人在下游的专利布局不及海外巨头。全球专利申请量排名前三的申请人全部来自国外，西门子、日立和东芝这类海外跨国巨头在该环节掌握话语权，均申请了千件左右的专利。同海外申请人相比，国内申请人在下游环节的专利申请量最高不及 200 件，与海外巨头的专利储备量相差较大，属于国内申请人的布局薄弱点。具体来看，在下游，国内表现较好的申请人主要来自央企和高等院校，分别为中铁第四勘察设计院、西南交通大学和北京交通大学；在湖南，中车时代电气、中南大学和株洲中达特科属于下游的表现较好的申请人，但从专利申请量来看，仍需加强该领域的专利布局。

7.3.3　重点企业在产业链中游各技术分支上的专利布局对比

根据 7.2 小节的分析，发现中游属于轨道交通装备产业的重点发展环节，因此本部分将从 7.3.1 和 7.3.2 中专利申请量排名靠前的申请人名单，按照国外企业、湖南省外企业和湖南企业的类型，从中分别筛选出 3 名企业作为重点企业，将湖南企业与海外及省外企业的专利技术分布情况进行对比，来明晰湖南与外部在产业中游结构间的布局差异。

图 7-3-3 和表 7-3-2 展示了国外企业、湖南省外企业和湖南企业在轨道交通装备产业中游专利技术分布情况。其中图 7-3-3 中横轴代表企业，纵轴代表中游的技术分支，气泡大小代表专利申请量的多少。

整体来看，外国企业，如日立、西门子在中游布局较均衡，三个技术分支均拥有 2 000 件以上的专利申请，且均侧重信息化设备及系统的相关技术布局。中国企业在中游布局量较均衡的有中车时代电气，比亚迪虽专利申请量不及中车时代电气，但布局也较完整，剩余四家中国企业和普拉塞陶依尔在中游的技术布局不均衡现象明显。

在整车制造分支，除中车时代电气外，外国企业的布局均强于中国企业。日立和西门子在该分支进行了 2 500 件以上的专利布局，虽然中游不是普拉塞陶依尔的布局重点，但整车制造技术也是其侧重的专利布局方向，在该领域申请了 773 件相关专利。而中国重点企业，仅中车时代电气和比亚迪布局了相对较多的专利，分别申请了 3 701 和 407 件相关专利，而其余四家中国企业在此方面布局量最多的也仅百余件。在关键零配件研发与制造分支，西门子和日立表现突出，中国企业中，仍是中车时代电气和比亚迪占据专利储备量的优势；此外，湖南的株洲联诚较侧重该技术领域的布局，申请了 313 件相关专利。在信息化设备及系统分支，西门子占据绝对优势，该分支属于其在中游布局的重中之重，拥有 9 121 件相关专利申请，专利储备量远高于其他主要企业。此外，该分支也是日立、中车时代电气、比亚迪和中铁第四勘察设计院在中游的布局侧重点，是重点关注方向。

综上所述，从对 9 家主要企业的产业链中游技术布局结构对比来看，日立、西门子、中车时代电气和比亚迪在中游的布局均衡，剩余 5 家主要企业在中游的技术布局不均衡现象明显。信息化设备及系统是大部分企业的重点关注方向，西门子在该领域占据绝对的优势，国内企业与其仍存在差距，需要在该方向加强研发。

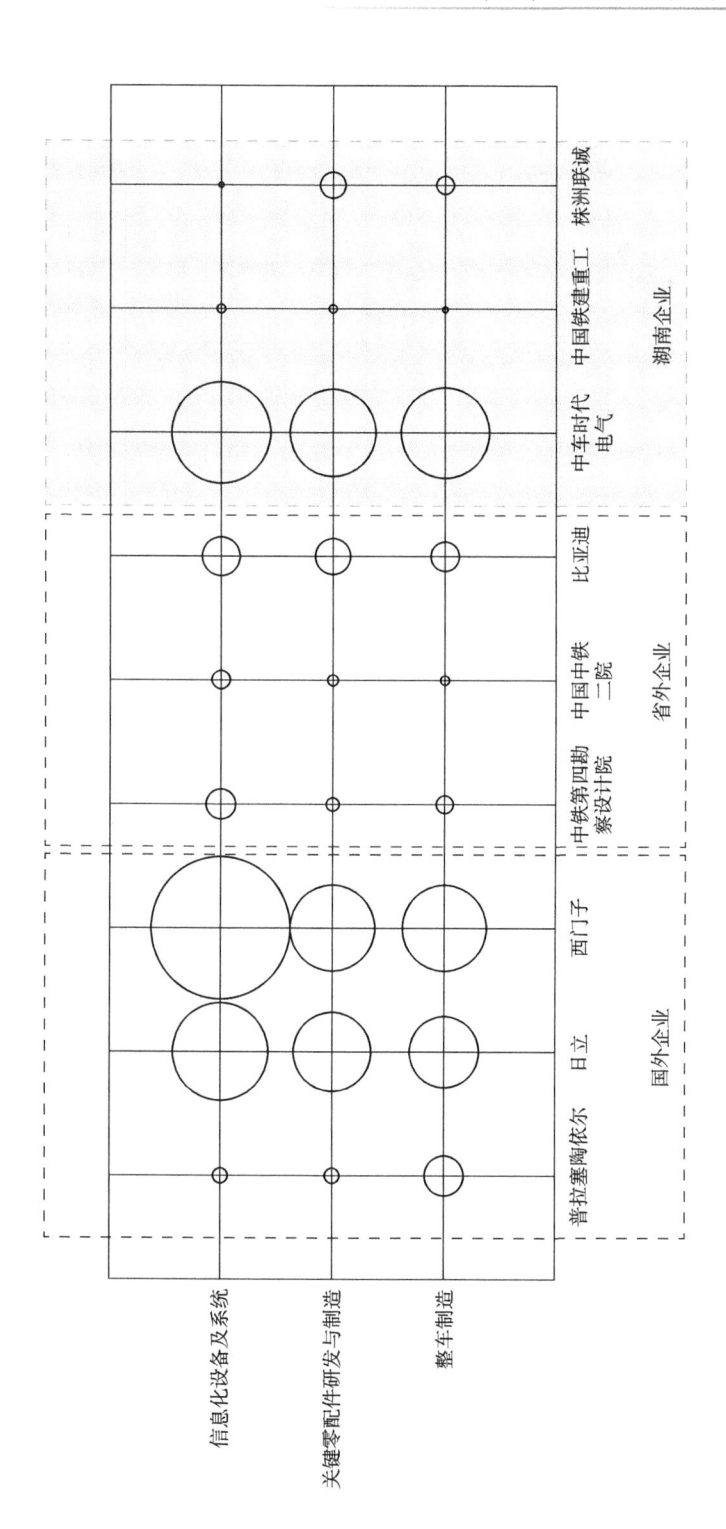

第7章 轨道交通装备产业全景分析

图 7-3-3 重点企业在产业链中游各技术分支上的专利申请量分布

表 7-3-2　重点企业在产业链中游各技术分支上的专利申请量分布　　单位：件

技术分支		主要企业							
		国外企业			省外企业			湖南企业		
		普拉塞陶依尔	日立	西门子	中铁第四勘察设计院	中国中铁二院	比亚迪	中车时代电气	中国铁建重工	株洲联诚
中游	整车制造	773	2 505	3 508	157	38	407	3 701	16	153
	关键零配件研发与制造	119	2 978	3 409	93	50	642	3 609	31	313
	信息设备及系统	101	4 212	9 121	409	187	670	4 598	33	10

7.3.4　小　结

从产业链整体来看，全球龙头企业在产业链的布局趋势为附加值较高的中游，中游属于当前全球申请人竞争最激烈的环节；中国申请人的布局与外国企业存在差异，主要在上游布局专利较多，因此需要加强中游关键技术的专利储备。

从产业链上中下游来看，上游专利申请储备量靠前的申请人均来自企业，湖南申请人在该环节专利布局较弱。上游国外代表申请人为奥地利的普拉塞陶依尔，轨道基建配套设备生产的相关技术是其业务重点，国内代表性申请人是中铁第四勘察设计院，基础建筑设计与施工和轨道基建配套设备生产的相关技术是其主要关注方向；中游环节是申请人重点布局对象，企业和高等院校均重点在该环节进行技术研发和专利布局，西门子是该环节的代表性国外企业，中车时代电气是中国代表性申请人；中国申请人在下游安全监测与维护技术的专利布局不及海外巨头，属于布局薄弱点，国外企业在该环节掌握话语权。

国外与中国主要企业在中游的专利技术布局存在结构差异，日立、西门子、中车时代电气和比亚迪在中游的布局较均衡，普拉塞陶依尔、中铁第四勘察设计院、中国中铁二院、中国铁建重工、株洲联诚在中游的技术布局不均衡现象明显。信息化设备及系统是大部分企业的重点关注方向，西门子在该领域占据绝对的优势，中国企业在该方面处于弱势，需要加强研发。

第8章

轨道交通装备产业涉外技术布局分析

8.1 国外专利申请人在华专利技术分布分析

本节分析轨道交通装备产业国外申请人在华专利申请情况，以了解国外申请人在华专利布局的技术分布，以及可能对国内申请人形成技术壁垒的领域。

如表8-1-1及图8-1-1所示，国外申请人在华专利申请主要分布在产业中游及下游。具体如产业中游的技术分支，即铁路轨道、附件及装置相关技术；B60L、B60M技术分支，即动力装置相关技术；B61C、B61D技术分支，即整车或车体部件相关技术；B61F、B61G、F16D、F16F技术分支，即铁路车辆的悬架、连接器、缓冲减震器、联轴器等关键零部件及其技术；B61B、B61H、B60T、H01Q技术分支，即车辆制动及控制相关部件及技术；B61L、G01S技术分支，即产业下游的铁路维护及检测系统相关技术等。

表 8-1-1　国外申请人在华专利申请量 TOP20 技术分类说明

IPC 分类号	分类说明
E01B	铁路轨道；铁路轨道附件；铺设各种铁路的机器
B61L	铁路交通管理；保证铁路交通安全
H01Q	天线，即无线电天线
B61D	铁路车辆的种类或车体部件
B61F	铁路车辆的悬架，如底架、转向架或轮轴；在不同宽度的轨道上使用的铁路车辆；铁路车辆预防脱轨；护轮罩，障碍物清除器或铁路车辆类似装置
B61B	铁路系统；不包含在其他类目中的装置
B61G	专门适用于铁路车辆的连接器；专门适用于铁路车辆的牵引装置或缓冲装置
B61C	机车；机动有轨车
B60L	电动车辆动力装置；车辆辅助装备的供电；一般车辆的电力制动系统；车辆的磁悬置或悬浮；电动车辆的监控操作变量；电力牵引
B61H	特别适用于铁路车辆的制动器或其他减速装置；铁路车辆上为此的安排或配置
B61K	其他不包括的特别适用于铁路的辅助设备
B65G	运输或贮存装置，例如装载或倾卸用输送机、车间输送机系统或气动管道输送机
F16D	传送旋转运动的联轴器；离合器；制动器
B23K	钎焊或脱焊；焊接；用钎焊或焊接方法包覆或镀敷；局部加热切割，如火焰切割；用激光束加工
B60M	电动车辆的电源线路或沿路轨的装置
B60T	车辆制动控制系统或其部件；一般制动控制系统或其部件；一般制动元件在车辆上的布置；用于防止车辆发生不希望的运动的便携装置；便于冷却制动器的车辆的改进
B60N	用于车辆的特殊位置；不包含在其他类目中的车辆乘客用设备
B60R	不包含在其他类目中的车辆、车辆配件或车辆部件
F16F	弹簧；减震器；减振装置

续表

IPC 分类号	分类说明
G01S	无线电定向；无线电导航；采用无线电波测距或测速；采用无线电波的反射或再辐射的定位或存在检测；采用其他波的类似装置

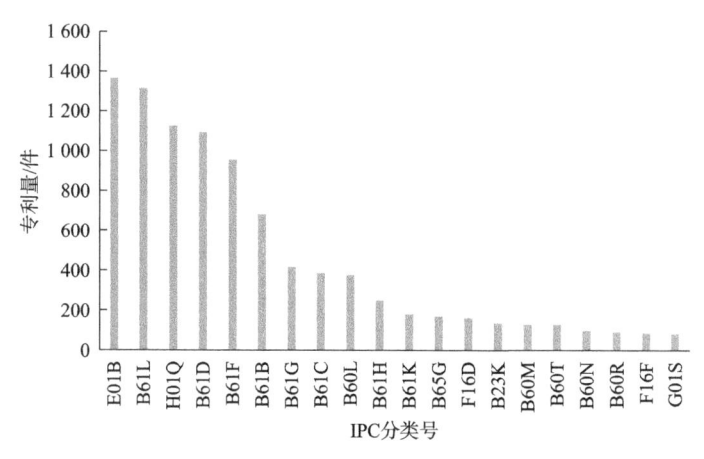

图 8-1-1　国外申请人在华专利申请量 TOP20 技术分布

下面从整体上对上述技术的国内外申请情况进行对比分析，从而寻找国外申请早，在国内具有重点布局，且国外专利申请量大于国内专利申请量的专利技术，这些技术有可能是国内申请人的技术壁垒。通过对比如表 8-1-2 所示，国外申请人在华专利申请量 TOP20 技术中，大多是在 2014 年及以后中国年专利申请量才超过国外年专利申请量，如果计入累积量，该时间还将更加靠后。特别是在以下技术分支，中国专利技术还相对薄弱，相比国外可能存在一定的技术壁垒：B65G、B60N 技术分支，即整车或车体部件相关技术；F16D 技术分支，即铁路车辆联轴器相关技术；H01Q、B60R 技术分支，即车辆控制相关部件相关技术；B23K 技术分支，即产业上游的加工工艺及方法相关技术，以及产业下游的 G01S 技术分支，即铁路检测系统等部分技术。

表 8-1-2　近 10 年国外专利申请人在华 TOP20 技术专利申请量与国内申请人专利申请量比较

单位：件

年份	E01B	B61L	H01Q	B61D	B61F	B61B	B61G	B61C	B60L	B61H	B61K	B65G	F16D	B23K	B60M	B60T	B60N	B60R	F16F	G01S
2011	544	915	387	236	267	288	216	-32	109	24	6	76	63	17	57	-3	17	32	45	35
2012	224	867	331	242	323	204	148	36	241	10	54	82	81	44	25	54	39	23	19	41
2013	214	1124	265	208	238	230	44	-21	145	-4	-38	53	80	19	-1	52	10	9	34	55
2014	-25	890	299	-45	209	179	136	-47	195	-21	-60	65	68	16	30	70	14	45	52	61
2015	-327	837	297	-236	127	249	46	-199	91	-81	-70	118	114	11	57	16	18	44	44	93
2016	-800	651	470	-564	59	-20	102	-95	-27	-24	-129	48	105	13	-46	-8	2	60	59	57
2017	-856	560	436	-440	-84	-331	55	-116	-1	-55	-131	62	50	5	-42	49	50	55	15	88
2018	-1328	193	316	-1117	-230	-381	-49	-422	20	-141	-301	50	66	14	-107	9	4	27	-4	108
2019	-2302	-406	252	-1507	-476	-472	-64	-471	-96	-250	-444	41	79	1	-147	-42	-8	21	-40	68
2020	-2689	-905	-244	-2355	-764	-729	-230	-489	-134	-298	-427	-30	-7	2	-135	-89	-66	-8	-37	32

注：表格中数据为国外申请人在华专利申请量 — 国内申请人专利申请量。

8.2 我国海外技术风险分析

通过上一节的分析可知,中游是各国竞争的热点环节。本节通过对我国在轨道交通装备产业中游的国外有效专利进行分析,梳理我国在国外市场布局的重点/热点技术,以及其中存在高风险的技术。找出这些技术领域的诉讼当事人,从而了解及掌握市场控制力较强的企业以及我国想要打开国外市场需注意的风险点。

图 8-2-1 展示了我国在海外市场布局的专利申请趋势情况,横坐标表示申请年份,纵坐标表示 IPC 主分类号,气泡大小表示专利申请量多少。其中 IPC 含义见表 8-2-1。我国在海外的重点专利技术分布在 B61F5、B61D17、B61L27,即转向架的结构部件、车体结构部件、运务中心控制系统;相对而言,专利申请量稍少,但近几年(2018—2020 年)较为活跃的热点技术有 B61L23、B61C17 以及 B61D27,即列车之间的控制装置、各部件的配置或排列以及加热冷却等空气调节设备。

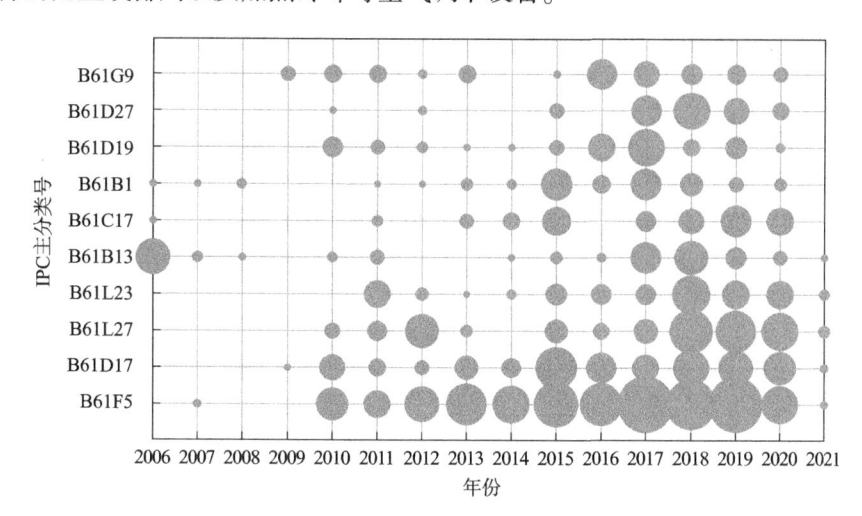

图 8-2-1 我国在海外市场的专利布局

表 8-2-1　海外市场布局专利 IPC 主分类号释义

IPC 主分类号	释义
B61F5	转向架的结构部件；转向架和车辆底架间的连接；用于在拐弯时调节或允许轮轴或转向架自行调节的装置或设备
B61D17	车体结构部件
B61L27	运务中心控制系统
B61L23	沿线的或车辆之间的或列车之间的控制，报警或类似的安全装置
B61B13	其他铁路系统
B61C17	各部件的配置或排列；其他类目不包含的零件或附件；控制装置和控制系统的应用
B61B1	车站、站台或岔线的一般配置；铁路网；铁路车辆编组系统
B61D19	专门适用于铁路车辆的门装置
B61D27	加热、冷却、通风、空气调节设备
B61G9	牵引装置

对我国在海外布局的重点/热点技术的专利进行进一步研究，发现其中 319 件专利发生过诉讼，占专利申请量的 2%。

表 8-2-2 展示了重点/热点技术诉讼专利占比情况，发生诉讼最多的技术分支是 B61L23（沿线的或车辆之间的或列车之间的控制，报警或类似的安全装置），占诉讼专利总数的 44.4%；其次值得注意的是 B61C17（各部件的配置或排列），占诉讼专利总数的 20.0%。其他风险技术请见表 8-2-2。对这些分支领域的诉讼当事人进行排名，如表 8-2-3 所示，发现发生诉讼的申请人主要来自国外在该领域的巨头，包括德国西门子、日本三菱电机、日本信号、日本东芝，美国西屋制动、加拿大庞巴迪以及法国阿尔斯通。

表 8-2-2　海外市场布局专利重点/热点技术的诉讼占比情况

IPC 主分类号	占比/%	释义
B61L23	44.4	沿线的或车辆之间的或列车之间的控制，报警或类似的安全装置
B61C17	20.0	各部件的配置或排列；其他类目不包含的零件或附件；控制装置和控制系统的应用

续表

IPC 主分类号	占比/%	释义
B61D27	9.2	加热、冷却、通风、空气调节设备
B61K9	5.2	铁路车辆外形测量器；部件过热的探测或指示；在机车或货车上指示不良轨道断面的装置；轨道记录车的一般设计
B61L27	4.8	运务中心控制系统
B61L3	4.4	用于控制车辆或列车上的设备的沿线设备，如松开制动器，操纵报警信号
B60H1	3.6	加热、冷却或通风设备
B61D17	3.6	车体结构部件
B60L15	2.8	控制电动车辆驱动（如其牵引电动机速度）以达到其预想性能的方法、电路或机构；电动车辆上控制设备的配置，用于从固定地点，或者从车辆的可选部件或从同一车队的可选车辆上进行远程操纵
B61C3	2.0	电力机车或电力有轨车

表 8-2-3　我国海外布局重点技术领域专利诉讼当事人排名

排名	诉讼当事人	国家	专利数量/件
1	西门子	德国	88
2	三菱电机	日本	39
3	日本信号	日本	30
4	西屋制动	美国	17
5	庞巴迪	加拿大	14
6	阿尔斯通	法国	10
7	东芝	日本	10

8.3　小　　结

我国在海外专利布局中涉及的技术主要针对海外市场产品，也成为国际竞争焦点。在开拓海外市场过程中，务必重视风险规避，了解高风险企业及技术隐患。我国在海外专利布局的重点技术涵盖转向架结构部件、车体结构部件以及运务中心控制系统；近年来，车辆或列车间控制技术、各部件配置或排列以及加热冷却等空气调节设备成为活跃热点。

从涉诉专利数据来看，2%的专利涉及诉讼，其中近半数专利源于报警或类似安全装置、车辆或列车间控制技术，其次为各部件配置或排列相关技术。诉讼申请人主要为国外领域巨头，如德国西门子、日本三菱、日本信号、日本东芝，以及美国西屋制动、加拿大庞巴迪、法国阿尔斯通。针对高风险企业及技术，建议在后续工作中进行统一梳理，采取规避策略，防范海外专利诉讼风险。

从技术构成角度看，我国在各环节均存在一定关键核心技术，国外巨头在我国重点布局中游及下游相关技术。这些技术领域更容易形成对我国关键技术的垄断，如中游整车或车体部件、铁路维护及检测系统等。

我国在海外市场专利布局过程中，既要注意风险规避，也要重视技术创新。同时，政府与企业共同努力，突破关键技术垄断，推动我国轨道交通装备产业不断发展。轨道交通装备产业链风险技术详见表8-2-4。

表8-2-4 轨道交通装备产业链风险技术分布

序号	海外风险技术分布	国内风险技术分布
1	转向架的结构部件	整车或车体部件
2	车体结构部件及运务中心控制系统	铁路车辆联轴器
3	车辆或列车之间的控制技术	车辆控制相关部件
4	各部件的配置或排列	加工工艺及方法
5	加热冷却等空气调节设备	下游的铁路检测系统
6	报警或类似的安全装置	

第 9 章

湖南省轨道交通装备产业定位分析

9.1 湖南省轨道交通装备产业结构定位

本节根据全国及主要省份在轨道交通装备上中下游及其技术分支上的专利数据对湖南在全国的产业结构定位进行分析。

如表 9-1-1 至表 9-1-4 所示,从专利申请量在产业结构中的分布来看,主要省份与全国整体情况基本一致,专利申请量在产业结构中的分布仍然呈现中游占比突出,上下游占比较弱的情形。其中,在整车制造技术分支上主要省份专利申请量占比明显高于全国水平。

表 9-1-1 主要省份在产业各技术分支上的专利申请量

单位:件

技术分支		省份					
		湖南	山东	四川	广东	陕西	山西
上游	原材料生产与加工	196	231	94	12	38	44
	基础建筑设计与施工	888	397	1 258	466	246	173

续表

技术分支		省份					
		湖南	山东	四川	广东	陕西	山西
上游	工程机械设备研发与生产	510	162	141	63	75	67
	轨道基建配套设备生产	1 351	1 456	2 471	1 254	1 411	566
中游	整车制造	4 743	4 126	1 936	1 319	794	810
	关键零配件研发与制造	5 813	5 075	2 865	2 750	974	1 031
	信息化设备及系统	5 767	2 018	2 673	2 592	1 211	634
下游	安全监测与维护	2 072	1 120	2 314	688	345	234

表 9-1-2 主要省份专利申请量在产业链上中下游及各技术分支上的整体占比　　　　　　　单位：%

产业链	占比	技术分支	占比
上游	20.1	原材料生产与加工	0.9
		基础建筑设计与施工	5.1
		工程机械设备研发与生产	1.5
		轨道基建配套设备生产	12.6
中游	69.9	整车制造	20.3
		关键零配件研发与制造	27.4
		信息化设备及系统	22.2
下游	10.0	安全监测与维护	10.0

表 9-1-3 全国与主要省份在产业链上中下游的专利占比

产业链	全国/%	主要省份/%	对比（全国-主要省份）/百分点
上游	22.3	20.1	2.2
中游	68.9	69.9	−1.0
下游	8.8	10.0	−1.2

表9-1-4　全国与主要省份专利在产业各技术分支上的占比

产业链	技术分支	全国/%	主要省份/%	对比 (全国-主要省份)/百分点
上游	原材料生产与加工	0.7	0.9	-0.2
	基础建筑设计与施工	4.8	5.1	-0.3
	工程机械设备研发与生产	1.2	1.5	-0.3
	轨道基建配套设备生产	15.6	12.6	3.0
中游	整车制造	16.1	20.3	-4.2
	关键零配件研发与制造	29.5	27.4	2.1
	信息化设备及系统	23.3	22.2	1.1
下游	安全监测与维护	8.8	10.0	-1.2

表9-1-5列示了主要省份在轨道交通产业上中下游各技术分支的专利申请量排名情况。图9-1-1列示了主要省份在轨道交通产业上中下游专利申请量的分布情况。

表9-1-5　全国主要省份在产业上中下游各技术分支上的专利申请量排名

技术分支		主要省份					
		湖南	山东	四川	广东	陕西	山西
上游	原材料生产与加工	2	1	3	6	5	4
	基础建筑设计与施工	2	4	1	3	5	6
	工程机械设备研发与生产	1	2	3	6	4	5
	轨道基建配套设备生产	5	2	1	4	3	6
中游	整车制造	1	2	3	4	6	5
	关键零配件研发与制造	1	2	3	4	6	5
	信息化设备及系统	1	4	2	3	5	6
下游	安全监测与维护	2	3	1	4	5	6

结合表9-1-5和图9-1-1,可以了解轨道交通产业各主要省份的具体情况。

对湖南而言,轨道交通装备产业是湖南装备工业四大龙头产业之一,是湖南大力培育发展的产业。湖南企业在轨道交通装备产业上中下游均有分布，产业链结构基本完整，但发展欠均衡，在产业上、下游专利分布相对偏少，在中游居多。湖南虽然在产业上游的工程机械设备研发与生产技术分支上相对其他省份排名靠前，但是由于在该技术分支上专利申请量较少，技术优势并不明显。受限于当地资源环境，湖南在产业上游另外3个技术分支上，特别是在原材料生产与加工技术分支上，专利申请量少。湖南的技术优势集中在产业中游上，在中游3个技术分支上的专利申请量都位列主要省份第一。近年来，湖南轨道交通装备产业按照"推动技术创新、引领绿色智能、拓展国际空间、打造主导品牌"的发展思路，以"智能+"赋能当地轨道交通装备产业发展。因此，湖南在信息化设备及系统技术分支上相对国内其他主要省份优势明显。同时，湖南大力推进轨道交通装备制造业与服务业融合发展，发展"制造+服务"的商业模式，积极拓展产业链的增值服务业务，逐步实现由"生产型制造"向"服务型制造"转型，产业下游发展迅速。湖南下游技术分支的专利申请量虽然排名落后于四川，但总体差距不大，在国内具备较强的竞争优势。

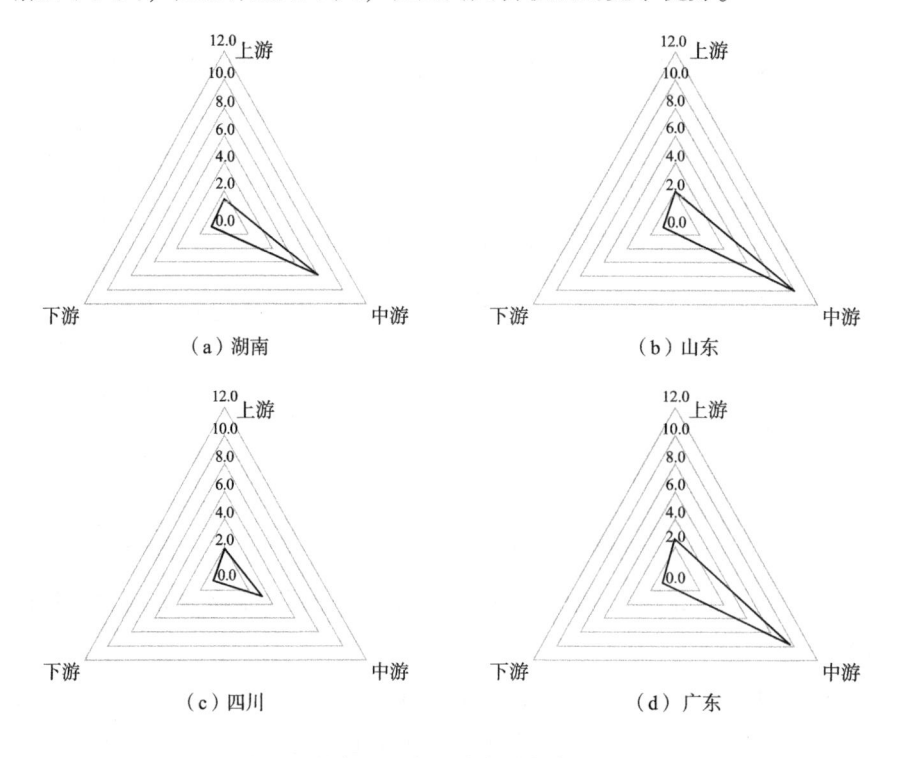

图 9-1-1　主要省份产业上中下游专利申请量比例（单位：%）

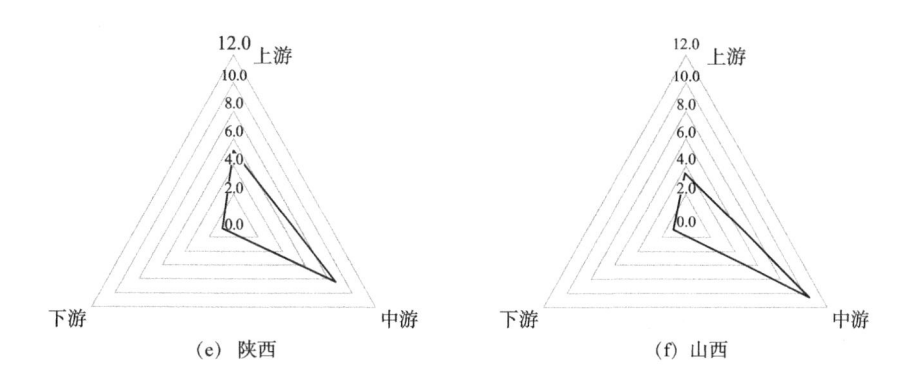

图 9-1-1　主要省份产业上中下游专利申请量比例（续；单位：%）

山东是国内重要的轨道交通装备产业省份之一，产业规模居全国前列。其专利在产业上中下游的分布，相对于国内其他主要省份，更加不平衡，上中下游专利比接近于 2：10：1（以下游专利数量为 1）。在产业上游，山东虽然在原材料生产与加工分支上专利申请量排名第一，但由于专利申请量总体较小（231 件），优势并不明显；其在工程机械设备研发与生产（162 件）、轨道基建配套设备生产（1 456 件）技术分支上有一定优势，但前者落后于湖南（141 件和 2 471 件），后者落后于四川（5 107 件和 1 351 件）。在产业中游山东也较强，重点是在整车制造和关键零配件研发与制造 2 个技术分支上；其在中游的信息化设备及系统技术分支上与湖南存在明显差距。山东在产业下游技术分支上，与排名前列的四川和湖南存在一定差距。

四川位于我国中西部，面临新一轮西部大开发、长江经济带、成渝地区双城经济圈建设和国家综合立体交通网规划等重大机遇，轨道交通装备产业在当地发展具有明显的地域特色及优势。从产业上游来看，其偏重于基础建筑设计与施工、轨道基建配套设备生产 2 个技术分支，2 个技术分支的专利申请量均全国排名第一，在国内具有较强优势，这与四川的地理环境与发展机遇离不开。产业中游虽然也是其发展重点，且各技术分支发展也较为均衡，但与湖南、山东有一定差距。四川在产业下游技术分支上具有优势，专利申请量全国排名第一。总体而言，四川在产业上、中、下游专利配置相对合理，其产业结构在主要省份中较优。

广东是外资企业聚集地之一。外资龙头企业一方面带动了当地经济技术的发展，另一方面也一定程度上加深了当地产业的技术依赖性。随着粤港澳大湾区战略的推进，广东已经建立起完整的轨道交通装备产业链，但外资龙头企业研发活动以"外源技术的本地化"为主，本地中小企业缺乏动力和实力开展大规模、高水平的自主研发，自主知识产权产品较少，大部分核心技术产品以及机车关键配套产品依赖国外供给。这导致广东整体上创新动力相对不足，在本产业各技术分支上专利申请量全国主要省份排名很少靠前。虽然广东在产业上游的基础建筑设计与施工和中游的信息化设备及系统技术分支上专利申请量全国排名第三，但相对于各技术分支上排名居前的湖南、四川还有不小差距。

陕西同山西一样，在产业上游技术实力更强，但相较于其他主要省份，整体技术实力相对偏弱。陕西和山西分别在产业中游的信息化设备及系统、关键零配件研发与制造等技术分支上专利分布稍多一些，但并不明显。

综上所述，湖南在轨道交通装备产业中游技术优势较强，特别是在信息化设备及系统技术分支中优势明显；在产业下游中，技术实力排名靠前；在上游的原材料生产与工程机械设备研发与生产这2个技术分支上专利申请量排名靠前，但是由于专利申请量少，优势并不明显。

9.2 湖南省轨道交通装备产业技术定位

本节基于各主要省份在轨道交通装备上中下游及其技术分支上专利引证情况对湖南在全国的产业技术定位进行分析。

9.2.1 主要省份产业技术引证分析

专利引证率表明各技术分支下专利引证其他专利的强度大小，侧面说明技术的改进程度。专利引证率数值越大，技术改进程度越高。将本产业各技术分支下主要省份所引证的专利引证率（专利数/专利申请量）分布情况，如表9-2-1所示。从表9-2-1来看，除在产业上游的原材料生产与加工技术分支上专利引证率排名第二外，湖南在其他技术分支上专利引证率都排在其他主要省份前面，说明湖南在本产业相对于其他主要省份技术改进程度较高。另外，专利申请量并不靠前的山西在产业中游的关键零配件研发与制造技术分支引证率达到1.4，仅次于湖南的1.6。进一步分析山西在该技术分支的主要技术，如表9-2-2所示，发现山西申请人主要在与关键零配件相关的转向架及机壳、外罩等方面技术改进较多。

表9-2-1 主要省份产业上中下游专利引证率

产业划分		湖南	山东	四川	广东	陕西	山西
上游	原材料生产与加工	2.1	2.9	1.4	1.3	1.3	1.7
	基础建筑设计与施工	2.1	1.3	1.7	1.5	0.9	0.8
	工程机械设备研发与生产	1.7	1.5	1.1	0.8	1.1	1.1
	轨道基建配套设备生产	1.4	1.1	1.0	1.1	0.7	0.8
中游	整车制造	1.9	1.0	0.9	1.1	0.7	1.0
	关键零配件研发与制造	1.6	0.9	1.0	0.7	0.7	1.4
	信息化设备及系统	2.1	1.2	1.0	1.4	0.7	0.9
下游	安全监测与维护	2.2	1.7	1.8	1.7	0.8	1.6

表9-2-2 山西关键零配件研发与制造技术分支下专利引证量TOP5技术　　　　单位：件

IPC主分类号（大组）	IPC主分类号（大组）说明	专利数量
B61F5	转向架的结构部件；转向架和车辆底架间的连接；用于在拐弯时调节或允许轮轴或转向架自行调节的装置或设备	104
H02K	机壳；外罩；支承物	81
H02K1	磁路零部件	49
H02K9	冷却或通风装置	41
B61H13	铁道车辆制动器的操作机构	29

表9-2-3列示了湖南申请人在各技术分支所引证的专利在全国主要省份的数量分布情况，反映了湖南在各技术分支下的技术来源。如表9-2-3所示，除在产业上游的原材料生产与加工技术分支外，湖南其他技术分支的技术来源主要为本省。除技术来源为本省的情况外，湖南在产业上游的技术多源自四川、山东，产业中游的技术多源自山东、广东，产业下游的技术则多源自四川、广东。湖南引证专利具体涉及技术详见表9-2-4。

表9-2-3　湖南申请人引证专利在全国主要省份的数量分布　　单位：件

技术分支		省份					
		湖南	山东	四川	广东	陕西	山西
上游	原材料生产与加工	16	26	7	23	8	6
	基础建筑设计与施工	196	63	68	43	44	24
	工程机械设备研发与生产	70	45	10	20	20	11
	轨道基建配套设备生产	190	59	78	38	54	12
中游	整车制造	1 211	460	336	533	159	105
	关键零配件研发与制造	1 342	406	348	483	160	114
	信息化设备及系统	1 548	422	370	899	274	122
下游	安全监测与维护	556	177	181	261	116	36

表9-2-4　湖南引证专利涉及技术

技术分支		涉及主要省份	IPC主分类号（大组）	IPC主分类号（大组）说明
上游	原材料生产与加工	山东	B23K37	非专门适用于仅包括在本小类其他单一大组中的附属设备或工艺
			B23P19	用于把金属零件或制品或金属零件与非金属零件的简单装配或拆卸的机械，不论是否有变形；其所用的但不包含在其他小类的工具或设备
			B23K9	电弧焊接或电弧切割

续表

技术分支		涉及主要省份	IPC主分类号（大组）	IPC主分类号（大组）说明
上游	原材料生产与加工	广东	B23K9	电弧焊接或电弧切割
			B23P19	用于把金属零件或制品或金属零件与非金属零件的简单装配或拆卸的机械，不论是否有变形；其所用的但不包含在其他小类的工具或设备
			B23K37	非专门适用于仅包括在本小类其他单一大组中的附属设备或工艺
	基础建筑设计与施工	四川	E21D9	衬砌或不衬砌的隧道或平硐；其掘进的方法或设备
			G06F17	特别适用于特定功能的数字计算设备或数据处理设备或数据处理方法
			E01D19	桥梁零件
		山东	G01V1	地震学；地震或声学的勘探或探测
			E21D11	隧道、平硐或其他地下洞室，例如，地下大型硐室的衬砌；其衬砌物；现场制衬砌物，例如，通过组装
			E21D9	衬砌或不衬砌的隧道或平硐；其掘进的方法或设备
	工程机械设备研发与生产	山东	E21D9	衬砌或不衬砌的隧道或平硐；其掘进的方法或设备
			B65G23	环形输送机的传动机构；输送带或链的张紧装置
			B25J18	爪臂

续表

技术分支		涉及主要省份	IPC 主分类号（大组）	IPC 主分类号（大组）说明
上游	工程机械设备研发与生产	广东	E21D9	衬砌或不衬砌的隧道或平硐；其掘进的方法或设备
			B66F7	升降架，如用于起升车辆；平台起落机构
			F16J15	密封
		陕西	B66F11	其他类目不包含的专用提升装置
			E01B29	铺设、再建或取出轨道；所用工具或机械
			B61D15	其他铁路车辆，如台架车；配合用于铁路上的车辆
	轨道基建配套设备生产	四川	E01B25	特种铁路用的轨道
			E01B1	道碴层；支承轨枕或轨道的其他设备；道碴层的排水
			E01B2	轨道的一般结构
		山东	E01B29	铺设、再建或取出轨道；所用工具或机械
			E01B1	道碴层；支承轨枕或轨道的其他设备；道碴层的排水
			B61D17	车体结构部件
中游	整车制造	广东	G01R31	电性能的测试装置；电故障的探测装置；以所进行的测试在其他位置未提供为特征的电测试装置；
			H02J7	用于电池组的充电或去极化或用于由电池组向负载供电的装置
			H04L12	数据交换网络

第 9 章　湖南省轨道交通装备产业定位分析

续表

技术分支		涉及主要省份	IPC 主分类号（大组）	IPC 主分类号（大组）说明
中游	整车制造	山东	B61D17	车体结构部件
			B61D27	加热、冷却、通风、空气调节设备
			B61C17	各部件的配置或排列；其他类目不包含的零件或附件；控制装置和控制系统的应用
	关键零配件研发与制造	广东	H02M1	变换装置的零部件
			G01R31	电性能的测试装置；电故障的探测装置；以所进行的测试在其他位置未提供为特征的电测试装置
			H02K1	磁路零部件
		山东	B61F5	转向架的结构部件；转向架和车辆底架间的连接；用于在拐弯时调节或允许轮轴或转向架自行调节的装置或设备
			B61D17	车体结构部件
			B61G9	牵引装置
	信息化设备及系统	广东	G01R31	电性能的测试装置；电故障的探测装置；以所进行的测试在其他位置未提供为特征的电测试装置
			H02M1	变换装置的零部件
			H04L12	数据交换网络
		山东	G01R31	电性能的测试装置；电故障的探测装置；以所进行的测试在其他位置未提供为特征的电测试装置
			G05B19	程序控制系统
			H02M7	交流功率输入变换为直流功率输出；直流功率输入变换为交流功率输出

续表

技术分支		涉及主要省份	IPC 主分类号（大组）	IPC 主分类号（大组）说明
下游	安全监测与维护	广东	G01R31	电性能的测试装置；电故障的探测装置；以所进行的测试在其他位置未提供为特征的电测试装置
			G06F9	程序控制装置，例如，控制单元
			G06K9	用于阅读或识别印刷或书写字符或者用于识别图形，例如，指纹的方法或装置
		四川	G06F17	特别适用于特定功能的数字计算设备或数据处理设备或数据处理方法
			B61K9	铁路车辆外形测量器；部件过热的探测或指示；在机车或货车上指示不良轨道断面的装置；轨道记录车的一般设计
			G01M17	车辆的测试
		山东	G01M17	车辆的测试
			G01R31	电性能的测试装置；电故障的探测装置；以所进行的测试在其他位置未提供为特征的电测试装置
			G01N3	用机械应力测试固体材料的强度特性

9.2.2 主要省份产业技术被引证分析

专利被引证率可表示各技术分支下专利被其他专利引证的强度大小，被引证率越大，表明被引证技术价值越高。本产业各技术分支下主要省份专利被引证率分布情况如表9-2-5所示。从表9-2-5来看，湖南除在产业上游的轨道基建配套设备生产、基础建筑设计与施工技术分支上专利被引证率相对靠前外，在其他技术分支上专利被引证率在主要省份中排名均在第3位及以后。这说明湖南在本产业相对于其他主要省份专利技术价值度不高。山东、四川在产业上游，特别是广东在产业上游的原材料生产与加工技术分支上专利被引证率较高；四川、陕西在产业中游，四川、广东在产业下游专利被引证率较高。

表9-2-5　全国主要省份专利被引证率

技术分支		主要省份					
		湖南	山东	四川	广东	陕西	山西
上游	原材料生产与加工	0.5	1.1	0.6	1.8	0.7	0.3
	基础建筑设计与施工	1.3	1.5	1.3	0.7	0.8	0.6
	工程机械设备研发与生产	0.8	1.1	1.1	0.4	1.0	0.9
	轨道基建配套设备生产	0.9	1.0	0.6	0.5	0.6	0.8
中游	整车制造	0.5	0.6	0.6	0.5	0.6	0.7
	关键零配件研发与制造	0.6	0.6	0.8	0.6	0.6	0.6
	信息化设备及系统	0.5	0.6	0.7	0.7	0.7	0.6
下游	安全监测与维护	0.7	0.7	0.9	0.9	0.7	0.7

表9-2-6列示了湖南申请人被引证的专利在主要省份被引证的数量分布情况，表明湖南各技术分支的技术流向。从表9-2-6可以看出，湖南各技术分支的技术主要流向本省。除流向本省情况外，湖南产业上、中游各技术分支的技术主要流向山东、广东，湖南产业下游技术分支的技术则主要流向广东、四川。具体被引证专利涉及技术详见表9-2-7。

表9-2-6　湖南申请人被引证专利在全国主要省份分布数量　　单位：件

技术分支		主要省份					
		湖南	山东	四川	广东	陕西	山西
上游	原材料生产与加工	7	2	5	4	1	1
	基础建筑设计与施工	110	46	34	47	11	9
	工程机械设备研发与生产	51	17	11	10	5	4
	轨道基建配套设备生产	185	37	47	30	18	16
中游	整车制造	500	218	86	142	32	55
	关键零配件研发与制造	852	249	125	189	53	78
	信息化设备及系统	640	164	106	229	55	67
下游	安全监测与维护	287	64	94	112	40	15

表 9-2-7 湖南被引证专利涉及技术

技术分支		涉及主要省份	IPC 主分类号（大组）	IPC 主分类号（大组）说明
上游	原材料生产与加工	广东	B21C25	金属挤压的成型工具
			B23P11	用不包含在其他类目中金属加工方法连接或拆开金属部件或金属物品
			B28B7	型模；型芯；心轴
		四川	B23K37	非专门适用于仅包括在本小类其他单一大组中的附属设备或工艺
			E21D1	凿井
			B23P21	用于将多种不同的部件装配成为组合单元的机械，有或没有这些部件的预先或后继操作，如有程序控制
	基础建筑设计与施工	广东	E21D11	隧道、平硐或其他地下洞室，例如，地下大型硐室的衬砌；其衬砌物；现场制衬砌物
			E01F8	道路或铁路交通的经空气传导的噪声的吸收或反射装置
			G05D1	陆地、水上、空中或太空中的运载工具的位置、航道、高度或姿态的控制，例如自动驾驶仪
		山东	E01D19	桥梁零件
			E21D11	隧道、平硐或其他地下洞室，例如，地下大型硐室的衬砌；其衬砌物；现场制衬砌物
			E02D7	放置板桩壁、桩、管形模或其他模的方法或设备

续表

技术分支		涉及主要省份	IPC 主分类号（大组）	IPC 主分类号（大组）说明
上游	工程机械设备研发与生产	山东	B66C9	结合于或安装于起重机或载重滑车上的行走机构
			E01B29	铺设、再建或取出轨道；所用工具或机械
			E01D19	桥梁零件
		广东	E21D9	衬砌或不衬砌的隧道或平硐；其掘进的方法或设备
			B61J1	转车台；移车台；在另一辆铁路车辆上或台车上运输铁路车辆
			B66C13	其他结构特征或零件
	轨道基建配套设备生产	山东	B61F1	底架
			E01B29	铺设、再建或取出轨道；所用工具或机械
			B61F5	转向架的结构部件；转向架和车辆底架间的连接；用于在拐弯时调节或允许轮轴或转向架自行调节的装置或设备
		广东	B61B13	其他铁路系统
			E01B25	特种铁路用的轨道
			B61F19	护轮罩；缓冲器；障碍物清除装置或类似物
中游	整车制造	山东	B61D17	车体结构部件
			B61F5	转向架的结构部件；转向架和车辆底架间的连接；用于在拐弯时调节或允许轮轴或转向架自行调节的装置或设备
			B61D27	加热、冷却、通风、空气调节设备

续表

技术分支		涉及主要省份	IPC主分类号（大组）	IPC主分类号（大组）说明
中游	整车制造	广东	B61D17	车体结构部件
			H04L12	数据交换网络
			B61C17	各部件的配置或排列；其他类目不包含的零件或附件；控制装置和控制系统的应用
	关键零配件研发与制造	山东	B61F5	转向架的结构部件；转向架和车辆底架间的连接；用于在拐弯时调节或允许轮轴或转向架自行调节的装置或设备
			B61F1	底架
			B61F19	护轮罩；缓冲器；障碍物清除装置或类似物
		广东	B61F5	转向架的结构部件；转向架和车辆底架间的连接；用于在拐弯时调节或允许轮轴或转向架自行调节的装置或设备
			H04L12	数据交换网络
			B61D17	车体结构部件
	信息化设备及系统	广东	H04L12	数据交换网络
			G01R31	电性能的测试装置；电故障的探测装置；以所进行的测试在其他位置未提供为特征的电测试装置；
			G05B19	程序控制系统

续表

技术分支		涉及主要省份	IPC主分类号（大组）	IPC主分类号（大组）说明
中游	信息化设备及系统	山东	B61B12	缆索铁道系统或动力和无动力两用系统的部件、零件或附件
			B61H11	不包含在其他类目中的制动或减速装置的应用或配置；不同种类或类型的装置的组合
			B61F5	转向架的结构部件；转向架和车辆底架间的连接；用于在拐弯时调节或允许轮轴或转向架自行调节的装置或设备
下游	安全监测与维护	广东	G01R31	电性能的测试装置；电故障的探测装置；以所进行的测试在其他位置未提供为特征的电测试装置；
			G01B11	以采用光学方法为特征的计量设备
			G08G1	道路车辆的交通控制系统
		四川	G01M17	车辆的测试
			G01R31	电性能的测试装置；电故障的探测装置；以所进行的测试在其他位置未提供为特征的电测试装置；
			B61K9	铁路车辆外形测量器；部件过热的探测或指示；在机车或货车上指示不良轨道断面的装置；轨道记录车的一般设计

湖南和其他主要省份引证及被引证重合的技术是湖南和其他主要省份都在关注和发展的技术，也即存在竞争的技术。湖南重点引证技术，是湖南相对其他主要省份技术领先程度相对较弱，需要在他省技术上大力创新及发展的技术。而湖南重点被引证的技术，则是湖南具有相对领先优势的技术。按照上述思路将表9-2-4及表9-2-7整合，得表9-2-8。

表 9-2-8 湖南与其他主要省份技术优势对比

技术分支		湖南与其他省份存在较强竞争关系的技术领域	湖南需要在其他省份技术上大力创新及发展的技术领域	湖南具有相对领先优势的技术领域
上游	原材料生产与加工	B23K37：非专门适用于仅包括在本小类其他单一大组中的附属设备或工艺	B23P19：用于把金属零件与非金属零件的简单装配或拆卸的机械，不论是否有变形；其所用的但不包含在其他小类的工具或设备 B23K9：电弧焊接或电弧切割	B21C25：金属挤压的成型工具 B23P11：用不包含在其他类目中金属加工方法连接或拆开金属部件或金属物品 B28B7：型模；型芯；心轴 E21D1：凿井 B23P21：用于将多种不同的部件装配成为组合单元的机械，有或没有这些部件的预先或随后继操作，如有程序控制
	基础建筑设计与施工	E01D19：桥梁零件 E21D11：隧道、平硐或其他地下洞室，例如，地下大型硐室的衬砌；其衬砌物，现场制衬砌物	E21D9：衬砌或不衬砌的隧道或平硐；其掘进的方法或设备 G06F17：特别适用于特定功能的数字计算设备或数据处理设备或数据处理方法 G01V1：地震学；地震或声学的勘探或探测	E01F8：道路或铁路交通的经空气传导的噪声的吸收或反射装置 G05D1：陆地、水上、空中或太空中的运载工具的位置、航道、高度或姿态的控制，例如自动驾驶仪 E02D7：放置板桩壁、桩、管形模或其他衬砌物的方法或设备

· 156 ·

第9章 湖南省轨道交通装备产业定位分析

续表

技术分支	技术领域分类		
	湖南与其他省份存在较强竞争关系的技术领域	湖南需要在技术上大力创新及发展的技术领域	湖南具有相对领先优势的技术领域
上游	工程机械设备研发与生产	E21D9：衬砌或不衬砌的隧道或平硐；其掘进的方法或设备 E01B29：铺设、再建或取出轨道所用工具或机械	B65G23：环形输送机的传动机构；输送带或链的张紧装置 B25J18：爪臂 B66F7：升降架，如用于起重车辆平台起落机构 F16J15：密封 B66F11：其他铁路车辆，如台架车升装置 B61D15：其他类目不包含的专用配合用于铁路上的车辆	B66C9：结合于或安装于起重机或载重车上的行走机构 E01D19：桥梁零件 B61J1：转车台；移车台；在另一辆铁路车辆上或台车上运输铁路车辆 B66C13：其他结构特征零件
	轨道基建配套设备生产	E01B29：铺设、再建或取出轨道所用工具或机械	E01B25：特种铁路用的轨道 E01B1：道碴层；道碴层的排水 E01B2：轨道的一般结构 E01B1：道碴层；道碴层的排水 B61D17：车体结构部件	B61F1：底架 B61F5：转向架的结构部件；转向架和车辆底架间的连接；用于在拐弯时调节或允许车轮轴或转向架自行调节的装置或设备 B61B13：其他铁路系统 E01B25：特种铁路用的轨道 B61F19：护轮罩；缓冲器；障碍物清除装置或类似物

续表

技术分支		技术领域分类		
		湖南与其他省份存在较强竞争关系的技术领域	湖南需要在他人技术上大力创新及发展的技术领域	湖南具有相对领先优势的技术领域
中游	整车制造	H04L12：数据交换网络 B61D17：车体结构部件 B61D27：加热、冷却、通风、空气调节设备 B61C17：各部件的配置或排列；其他类目不包含的零件或附件；控制装置和控制系统的应用	G01R3：电性能的测试装置；电故障的探测装置；以所进行的测试在其位置未提供为特征的电测试装置 H02J7：用于电池组的充电或去极化或用于由电池组向负载供电的装置	B61F5：转向架的结构部件；转向架和车辆底架间的连接；用于在拐弯时调节或允许轮轴或转向架自行调节的装置或设备
	关键零配件研发与制造	B61F5：转向架的结构部件；转向架和车辆底架间的连接；用于在拐弯时调节或允许轮轴或转向架自行调节的装置或设备 B61D17：车体结构部件	H02M1：变换装置的零部件 G01R31：电性能的测试装置；电故障的探测装置；以所进行的测试在其他位置未提供为特征的电测试装置 H02K1：磁路零部件 B61G9：牵引装置	B61F1：底架 B61F19：护轮罩；缓冲器；障碍物清除装置或类似物 H04L12：数据交换网络

第9章 湖南省轨道交通装备产业定位分析

续表

技术分支		技术领域分类		
		湖南与其他省份存在较强竞争关系的技术领域	湖南需要在其他人技术上大力创新及发展的技术领域	湖南具有相对领先优势的技术领域
中游	信息化设备及系统	G01R31: 电性能的测试装置; 电故障的探测装置; 以所进行的测试为特征的其他位置未提供的电测试装置 H04L12: 数据交换网络 C05B19: 程序控制系统	H02M1: 变换装置的零部件 H02M7: 交流功率输入变换为直流功率输出; 直流功率输入变换为交流功率输出	B61B12: 缆索铁道系统动力和无动力两用系统的部件、零件或附件 B61H11: 不包含在其他类目中的制动或减速装置的应用或装置的组合 B61F5: 转向架的结构部件; 转向架和车辆底架间的连接; 用于在拐弯时调节或允许转轴或转向架自行调节的装置或设备
下游	安全监测与维护	G01R31: 电性能的测试装置; 电故障的探测装置; 以所进行的测试为特征的其他位置未提供的电测试装置 G01M17: 铁路车辆或货车部件过热的探测或指示; 在机车或车上指示不良轨道断面的装置; 轨道记录车的一般设计 G01N3: 车辆的测试	G06F9: 程序控制装置, 例如, 控制单元 G06K9: 用于阅读或识别印刷或书写字符或者用于识别图形, 例如, 指纹的方法或装置 G06F17: 特别适用于特定功能的数字计算设备或数据处理设备或数据处理方法 B61K9: 用机械应力测试固体材料的强度特性	G01B11: 以采用光学方法为特征的计量设备 G08G1: 道路车辆的交通控制系统

· 159 ·

综上所述，湖南相较于其他主要省份，整体上技术引入较多，擅长于在他省技术上进行改进创新。这说明湖南在轨道交通装备产业整体技术方面改进创新程度较高，但技术原创力一般。同时，湖南在某些技术分支上技术输出大于技术引入，在一定程度上说明湖南在该技术分支上相对其他省份具有较强的技术原创力及领先优势。

具体技术方面，在产业上游的原材料生产与加工技术分支上，湖南向其他主要省份引入的技术主要涉及原材料生产与加工设备、工艺等方面，不涉及原材料本身，这在一定程度上说明原材料本身不是湖南的强项。同时，其他主要省份在原材料相关方面技术引入与输出也都不多。经分析，其原因在于国内申请人在原材料相关方面技术普遍偏弱，处于向国外引进技术的状态。在产业上游的其他3条技术分支上，湖南与国内其他主要省份在隧道、平硐或其他地下洞室轨道交通相关的设计、施工、设备及铺轨相关技术上存在较强竞争。同时，湖南也在这些技术方面加强了技术引进与创新。另外，由于在机械制造上有较强的技术优势，湖南在产业上游涉及上述技术分支的设备机构等相关技术上有相对较强的技术输出优势。

在产业中游，湖南与国内其他主要省份之间的技术竞争与技术输入输出主要围绕车体制造的关键结构件如车架、底架相关技术和车体动力相关技术展开。可以看到，湖南加强了在车体动力相关技术上的技术输入和创新，而在车体制造上的关键结构件如车架、底架相关方面，则以技术输出为主。

在产业下游，各项测试、测量装置及其技术，如电性能的测试、铁路车辆外形测量、车辆的测试等技术，是湖南与其他主要省份竞争的主要技术领域。测试控制及数据处理技术是湖南技术创新的重点方向，而智能化、网联化的道路车辆的交通控制系统及特定环境下的计量设备，如以采用光学方法为特征的计量设备技术则为湖南优势技术，以技术输出为主。

9.3 省内轨道交通装备重点企业创新实力定位

本节从轨道交通上中下游的八项重点技术的专利申请量、专利有效量数据，对湖南以及山东、广东、四川、陕西、山西六省的主要申请人（各技术领域专利申请量排名前五）展开对比分析。要考量一个企业的创新实力，可以从其有效专利的数量和专利维持年限方面进行分析，专利数量多且愿意长期缴纳年费维持其专利有效，说明这个企业的相关技术更具有价值和竞争实力。

9.3.1 产业上游技术重点创新主体分布分析

图9-3-1至图9-3-4展示了轨道交通装备产业上游四项重点技术原材料生产与加工技术、基础建筑设计与施工技术、工程机械设备研发与生产技术、轨道基建配套设备生产技术的专利申请量/有效量的对比情况。

图9-3-1和表9-3-1列示了轨道交通产业上游的原材料生产与加工技术分支专利申请量前五名的企业专利申请量/有效量对比情况，前五名申请人分别来自山东和湖南。表现突出的是中车青岛四方，其在该技术分支技术实力最强，其专利申请量、有效专利量都明显高于其他企业。湖南的两家企业中国铁建重工和中车时代电气相比，虽然中国铁建重工在专利申请量方面有优势，但二者的有效专利量相近。

图9-3-2和表9-3-2为轨道交通产业上游的基础建筑设计与施工技术分支专利申请量前五名的企业专利申请量/有效量对比情况，专利申请量及有效专利量较高的是湖南省的中国铁建重工，排名第二、第三的企业均来自四川，分别是中铁二院和成都新筑路桥。

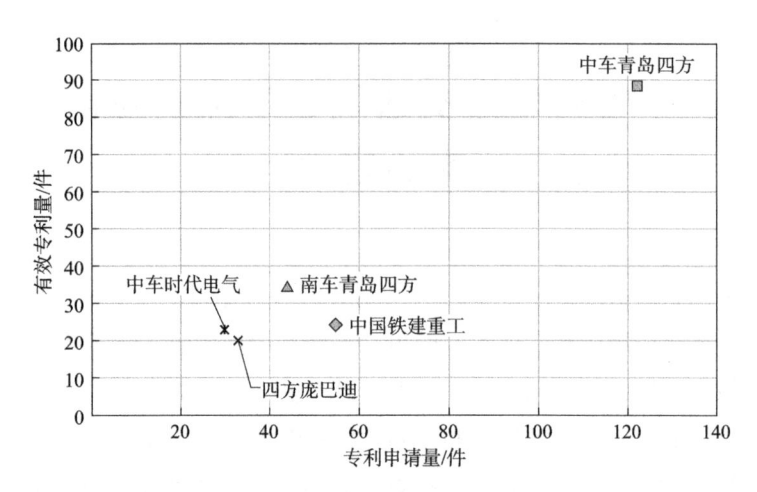

图 9-3-1 原材料生产与加工技术分支中国企业专利申请量/有效量对比

表 9-3-1 原材料生产与加工技术分支中国企业专利申请量和有效专利量

单位：件

申请人	中车青岛四方	中国铁建重工	南车青岛四方	四方庞巴迪	中车时代电气
专利申请量	122	55	44	33	30
有效专利量	89	24	35	20	23
所属省份	山东	湖南	山东	山东	湖南

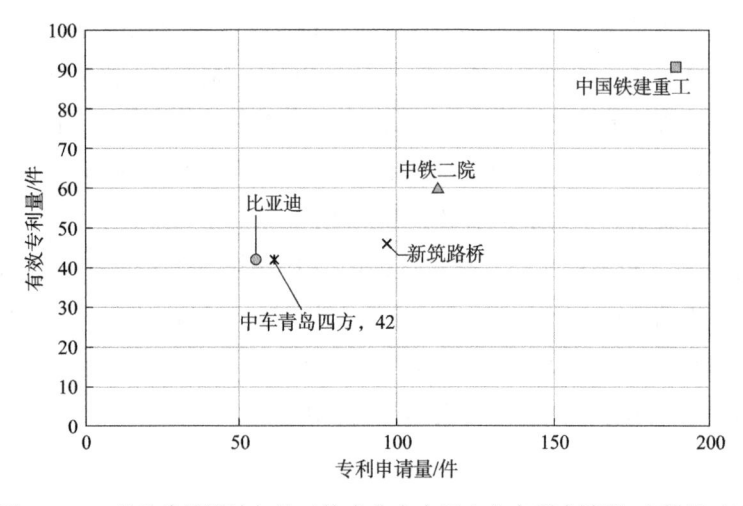

图 9-3-2 基础建筑设计与施工技术分支中国企业专利申请量/有效量对比

表 9-3-2　基础建筑设计与施工技术分支中国企业专利申请量和有效专利量

申请人	中国铁建重工	中铁二院	新筑路桥	中车青岛四方	比亚迪
专利申请量	190	113	97	61	55
有效专利量	91	60	46	42	42
所属省份	湖南	四川	四川	山东	广东

图 9-3-3 和表 9-3-3 为工程机械设备研发与生产技术分支专利申请量前五名的企业专利申请量/有效量对比情况，前五申请人中有三家来自湖南，分别是中国铁建重工、株洲天桥起重和株洲旭阳机电，其中中国铁建重工在该技术分支技术实力最强，其专利申请量、有效专利量都明显高于其他企业。

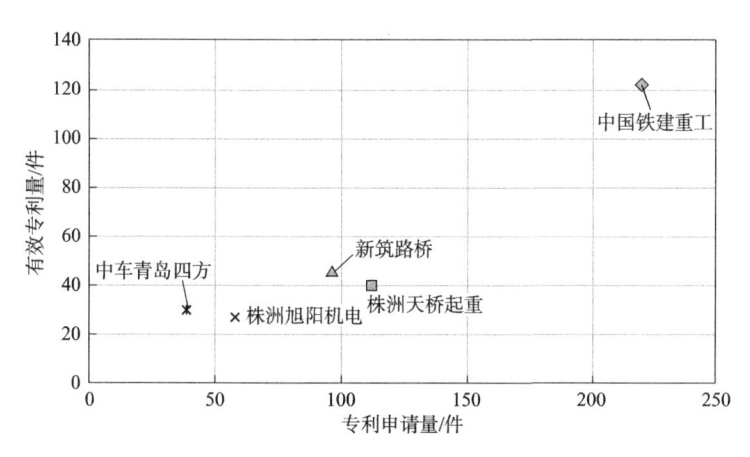

图 9-3-3　工程机械设备研发与生产技术分支中国企业
专利申请量/有效专利量对比

表 9-3-3　工程机械设备研发与生产技术分支中国企业
专利申请量和有效专利量　　　　　　　　　　　单位：件

申请人	中国铁建重工	株洲天桥起重	新筑路桥	株洲旭阳机电	中车青岛四方
专利申请量	220	112	97	58	39
有效专利量	121	40	46	27	30
所属省份	湖南	湖南	四川	湖南	广东

图 9-3-4 和表 9-3-4 为轨道交通产业上游的轨道基建配套设备生产技术分支专利申请量前五名的企业专利申请量/有效专利量对比情况，前五名申请人主要来自四川、广东、陕西和湖南。表现突出的是四川的中铁二院，其专利申请量、有效专利量都明显高于其他企业。有效专利量较高的企业是来自广东的比亚迪。湖南的中车时代电气在该技术分支与他们相比专利申请量和有效专利量有一定差距。

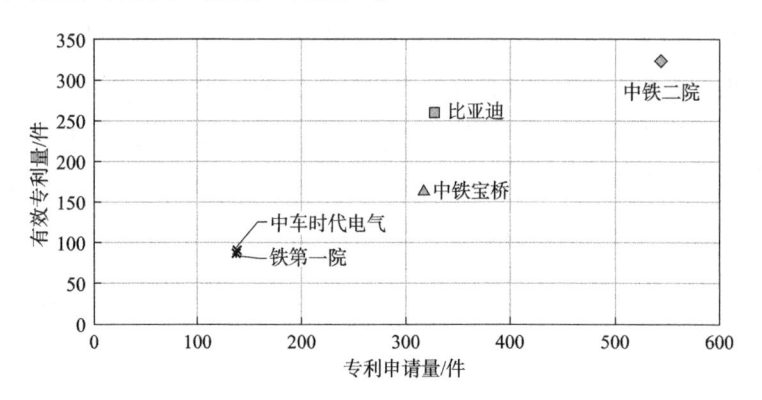

图 9-3-4　轨道基建配套设备生产技术分支中国企业
专利申请量/有效专利量对比

表 9-3-4　轨道基建配套设备生产技术分支中国企业
专利申请量和有效专利量　　　　　　　　　　单位：件

申请人	中铁二院	比亚迪	中铁宝桥	中车时代电气	铁第一院
专利申请量	544	328	316	139	138
有效专利量	323	261	163	92	89
所属省份	四川	广东	陕西	湖南	陕西

9.3.2　产业中游技术重点创新主体分布分析

图 9-3-5 至图 9-3-7 为轨道交通产业中游整车制造、关键零配件研发与制造、信息化设备及系统技术分支的专利申请量/有效专利量的对比情况。

图 9-3-5 和表 9-3-5 为轨道交通装备产业中游的整车制造技术分支专利申请量前五名的企业专利申请量/有效专利量对比情况。表现突出的是

湖南和山东的企业，其中湖南的中车时代电气专利申请量逾3 000件，有效专利量1 900件，遥遥领先。其次是山东的中车青岛四方，其专利申请量近1 500件，有效专利量1 000多件。另外三家企业均为中车集团旗下分（子）公司，分别是宝鸡中车时代工程机械有限公司（以下简称"宝鸡中车时代"）、中车眉山车辆有限公司（以下简称"中车眉山"）以及中车资阳机车有限公司（以下简称"中车资阳"），其专利申请量、有效专利量相较前两名差距较大，都分别在200件、100件上下。

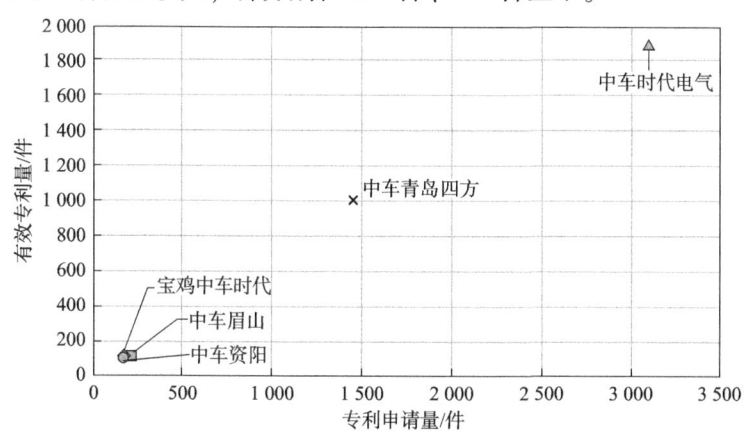

图 9-3-5　整车制造技术分支中国企业专利申请量/有效专利量对比

表 9-3-5　整车制造技术分支中国企业专利申请量和有效专利量　　单位：件

申请人	中车时代电气	中车青岛四方	中车眉山	宝鸡中车时代	中车资阳
专利申请量	3 092	1 452	201	175	154
有效专利量	1 901	1 015	112	102	97
所属省份	湖南	山东	四川	陕西	四川

图9-3-6和表9-3-6为轨道交通装备产业中游的关键零配件研发与制造技术分支专利申请量前五名的企业专利申请量/有效专利量对比情况。与整车制造技术相似，表现突出的是湖南和山东的企业。前五企业中，有三家来自湖南。其中湖南的中车时代电气专利申请量近3 000件，有效专利量近2 000件。其次是山东的中车青岛四方，其专利申请量近2 000件，有效专利量近1 500件。

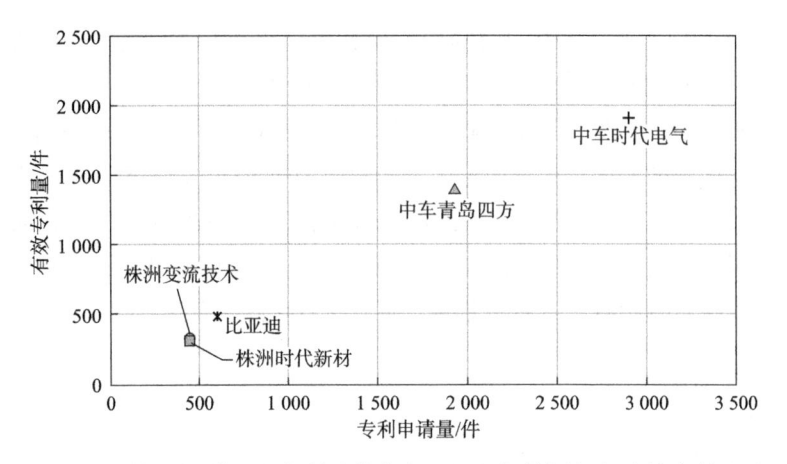

图 9-3-6　关键零配件研发与制造技术中国企业专利申请量/有效专利量对比

表 9-3-6　整车制造技术中国企业专利申请量和有效专利量　　单位：件

申请人	中车时代电气	中车青岛四方	比亚迪	株洲变流技术	株洲时代新材
专利申请量	2 902	1 931	606	449	432
有效专利量	1 910	1 401	487	335	321
所属省份	湖南	山东	广东	湖南	湖南

图 9-3-7 和表 9-3-7 为轨道交通装备产业中游的信息化设备及系统技术分支专利申请量前五名的企业专利申请量/有效专利量对比情况。湖南的中车时代电气的专利申请量及有效专利量远超其他企业，占绝对优势。

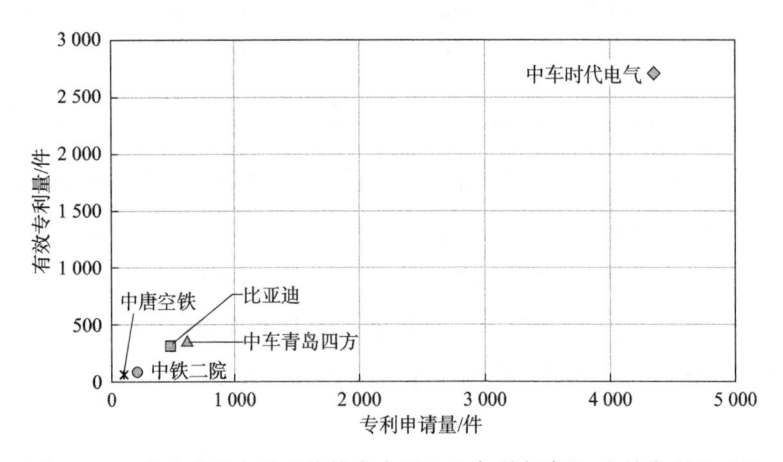

图 9-3-7　信息化设备及系统技术中国企业专利申请量/有效专利量对比

表 9-3-7　信息化设备及系统技术中国企业专利申请量和有效专利量

单位：件

申请人	中车时代电气	比亚迪	中车青岛四方	中铁二院	中唐空铁
专利申请量	4 352	490	613	185	109
有效专利量	2 714	321	360	100	76
所属省份	湖南	广东	山东	四川	四川

9.3.3　产业下游技术重点创新主体分布分析

图 9-3-8 和表 9-3-8 为轨道交通装备产业下游的安全监测与维护技术分支专利申请量前五名的企业专利申请量/有效专利量对比情况。表现最为突出的是湖南的中车时代电气与山东的青岛四方，其专利申请量及有效专利量远超其他企业，占据绝对优势。

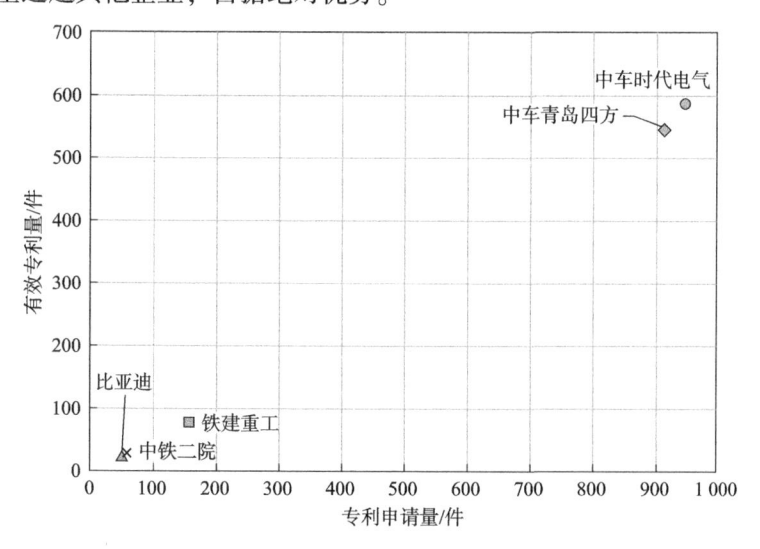

图 9-3-8　安全监测与维护技术中国企业专利申请量/有效专利量对比

表 9-3-8　安全监测与维护技术中国企业专利申请量和有效专利量

单位：件

申请人	中车时代电气	中车青岛四方	铁建重工	比亚迪	中铁二院
专利申请量	947	915	150	51	58

续表

申请人	中车时代电气	中车青岛四方	铁建重工	比亚迪	中铁二院
有效专利量	587	543	81	23	26
所属省份	湖南	山东	湖南	广东	四川

综上所述，从轨道交通装备产业上中下游的八大技术分支来看，全国综合实力最强的是湖南的铁建重工、中车时代电气以及山东的中车青岛四方。其中湖南的优势技术主要体现在以铁建重工为首的上游的基础建筑设计与施工技术、工程机械设备研发与生产技术，和以中车时代电气为首的中游三大技术以及下游的安全监测与维护技术。可见湖南的龙头企业在上中下游重点技术分支均占据重要位置。

湖南企业的主要竞争对手是山东的中车青岛四方以及四川的中铁二院，相较这两家龙头企业而言，湖南企业在上游的原材料生产与加工技术分支、轨道基建配套设备生产技术分支的创新实力较弱。

9.4 主要省份产学研合作现状

本节通过主要省份产学研合作情况分析，找出主要省份主要创新主体及热点创新技术。

9.4.1 主要省份产学研合作技术分支分布情况

为进一步梳理主要省份企业与高校/研究所之间的产学研融合情况，在六个主要省份的轨道交通装备产业专利数据库中，筛选企业和高校/研究所合作的专利申请，最后得到主要省份在产业上中下游各技术分支产学研合作专利申请清单。

图9-4-1和表9-4-1分别为主要省份在轨道交通装备产业专利技术结构占比及专利申请量分布情况。从表9-4-1来看，湖南注重轨道交通产业

的产学研合作，在本产业的八个技术分支均有相关产学研合作专利申请产出。其次，四川、广东和山东也较关注产学研合作，除上游的工程机械设备分支外，其他技术分支均有一定的成果产出。

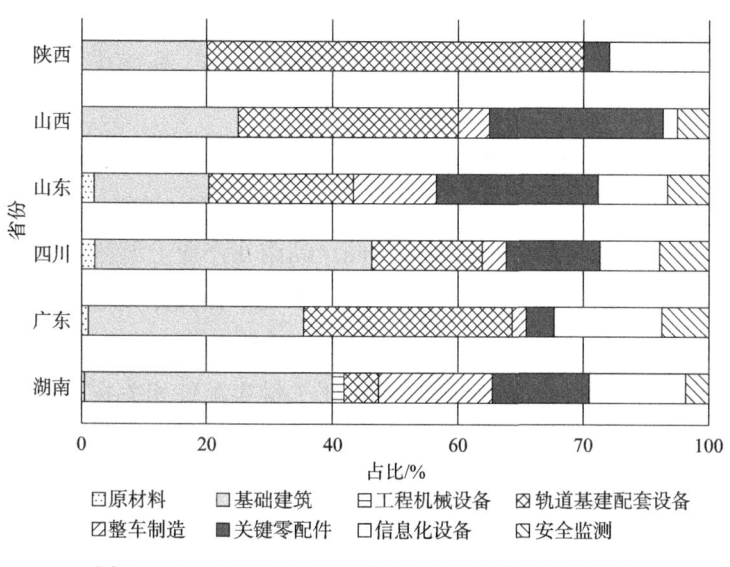

图 9-4-1 主要省份产学研合作专利申请量占比情况

表 9-4-1 主要省份产学研合作专利申请量分布情况　　单位：件

省份	技术分支							
	上游				中游			下游
	原材料	基础建筑	工程机械设备	轨道基建配套设备	整车制造	关键零配件	信息化设备	安全监测
湖南	1	87	4	12	40	34	34	8
广东	1	32		31	2	4	16	7
四川	5	104		42	9	35	22	19
山东	3	28		35	20	39	17	10
山西		10		14	2	11	1	2
陕西		5		15		1	4	

下面结合图 9-4-1 和表 9-4-1，进一步分析主要省份的产学研合作专利申请技术分支占比和分布情况。可以看到，陕西、山西、四川和广东四省侧重产业上游技术的产学研合作，产业上游的产学研合作专利申请占比

均高达60%以上，其中陕西省80%的产学研合作专利申请量集中在此。同时，在产业上游的技术中，上述四省的产学研合作专利申请主要集中在基础建筑和轨道基建配套设备。山西在产业中游重视关键零配件相关技术的产学研合作，该技术领域的产学研合作专利申请量占比达28%，陕西和广东更关注信息化设备技术分支相关技术产学研合作，在该技术分支的产学研合作专利申请量占比分别为16%和17%。

湖南和山东的产学研合作技术结构大致类似，产业上游合作专利申请量占比45%左右，中游占比45%左右，下游占比5%左右。但从具体的技术来看，湖南和山东的侧重点各有不同。湖南在产业上游侧重基础建筑的产学研合作，相关合作专利申请量占比达40%。而山东则重视基础建筑和轨道基建配套设备，相关合作专利申请量占比分别为18%和23%。在产业中游，山东的产学研合作专利相对侧重于关键零配件相关技术，而湖南在中游各技术分支的合作专利布局较均衡，均有30件以上的合作专利。

此外，上述六省在产业下游安全监测技术分支的产学研合作专利布局较少，从六省份的专利申请量占比来看，四川、广东和山东表现较佳，在该分支产学研合作产出的专利申请量占比分别为8%、8%和7%。

9.4.2　主要省份产学研合作申请人情况

进一步对六个主要省份产学研合作专利的申请人情况展开分析，分析哪些企业在积极开展产学研合作活动，企业主要和哪些高校/研究所合作研发，以及目前产学研融合的技术方向，找出企业较为关注的热点创新技术。

表9-4-2为主要省份在产业上中下游各技术分支下产学研合作申请专利最多的企业，以及对应合作的高校/研究所和相关专利申请量。根据表9-4-2的数据，绘制了图9-4-2，在代表各主要省份的图中，左侧申请人为企业，右侧申请人为与企业联合研发申请专利的高校/研究所，色块宽度代表专利申请量。

表 9-4-2　产学研合作专利合作申请人情况

省份	技术分支		产学研合作专利最多的企业	合作高校/研究所	合作专利申请量/件
湖南	上游	原材料	中国铁建重工	中南大学	1
		基础建筑	湖南中大建科土木科技有限公司	中南大学	8
		工程机械设备	株洲旭阳机电	中南大学	4
		轨道基建配套设备	中铁四局集团有限公司，株洲旭阳机电，湖南长院悦诚装备有限公司	中南大学	5
	中游	整车制造	中车时代电气	湖南大学	8
				新泽西理工学院	2
				西南交通大学	2
				中南大学	1
				东南大学	1
		关键零配件	中车时代电气	湖南大学	7
				新泽西理工学院	2
				西南交通大学	2
				中南大学	1
				东南大学	1
		信息化设备	中车时代电气	湖南大学	8
				新泽西理工学院	2
				西南交通大学	1
				中南大学	1
				东南大学	1
	下游	安全监测	湖南磁浮技术研究中心有限公司	西南交通大学；长沙理工大学	2
				中国人民解放军国防科技大学	1

续表

省份	技术分支		产学研合作专利最多的企业	合作高校/研究所	合作专利申请量/件
广东	上游	原材料	深圳勒迈科技有限公司	中南大学	1
		基础建筑	广州地铁设计研究院股份有限公司	中南大学	3
				华东交通大学	2
				西南交通大学	2
		轨道基建配套设备	广州南方测绘仪器有限公司	广东工业大学	4
	中游	整车制造	惠州市标顶空压技术有限公司	湖南大学	1
			广州南方测绘仪器有限公司	广东工业大学	1
		关键零配件	广州沧恒自动控制科技有限公司	广东工业大学	1
		信息化设备	广州市地下铁道总公司	北京交通大学	3
				华南理工大学	1
				中铁电气化勘测设计研究院	1
	下游	安全监测	广州地铁设计研究院股份有限公司	中南大学	4
四川	上游	原材料	成都艾格科技有限责任公司	西南交通大学	3
		基础建筑	中国中铁二院	西南交通大学	17
				成都大学	2
				中南大学	1
		轨道基建配套设备	中国中铁二院	西南交通大学	4
				成都信息工程学院	3
				成都大学	2

续表

省份	技术分支		产学研合作专利最多的企业	合作高校/研究所	合作专利申请量/件
四川	中游	整车制造	中国中铁二院	成都大学	3
		关键零配件	成都西交智众科技有限公司	西南交通大学	11
		信息化设备	成都思特电气科技有限公司	西南交通大学	3
	下游	安全监测	成都主导科技有限责任公司	西南交通大学	7
山东	上游	原材料	中车青岛四方	西南交通大学	2
		基础建筑	中铁十四局集团隧道工程有限公司	中南大学	5
				石家庄铁道大学	1
				华东交通大学	1
				西南交通大学	1
		轨道基建配套设备	山东哈德斯特轨道交通科技有限公司	山东交通学院	6
	中游	整车制造	中车青岛四方	中国人民解放军国防科技大学	3
				中南大学	3
				中德轨道交通技术（德累斯顿）联合研发中心	5
				北京交通大学	1
		关键零配件	中车青岛四方	西南交通大学	20
				中南大学	3
				中德轨道交通技术（德累斯顿）联合研发中心	3
				中国人民解放军国防科技大学	2
		信息化设备	中车青岛四方	北京交通大学	4
				中国人民解放军国防科技大学	3
				同济大学	1

续表

省份	技术分支		产学研合作专利最多的企业	合作高校/研究所	合作专利申请量/件
山东	下游	安全监测	中车青岛四方	中国人民解放军国防科技大学	5
				同济大学	1
				北京交通大学	1
山西	上游	基础建筑	中铁十二局集团有限公司	西南交通大学	2
				中南大学	1
			大秦铁路股份有限公司	西南交通大学	2
		轨道基建配套设备	中铁三局集团有限公司	西南交通大学	3
	中游	整车制造	中车太原机车车辆有限公司	西南交通大学青岛轨道交通研究院	1
			中铁十七局集团第五工程有限公司	山西新天地生态环境技术研究院	1
		关键零配件	太原市同心得科贸有限公司	太原科技大学	2
		信息化设备	山西省交通建设工程质量检测中心（有限公司）	山西省交通科学研究院	1
	下游	安全监测	大秦铁路股份有限公司太原高铁工务段	西南交通大学	1
陕西	上游	基础建筑	中铁一局集团有限公司第三工程分公司	中南大学	2
		轨道基建配套设备	中交二公局铁路工程有限公司	石家庄铁道大学	3
	中游	关键零配件	陕西国德电气制造有限公司	天津城建大学	1
		信息化设备	西安爱生技术集团公司	西北工业大学	2
			西安中电科西电科大雷达技术协同创新研究院有限公司	西安电子科技大学	2

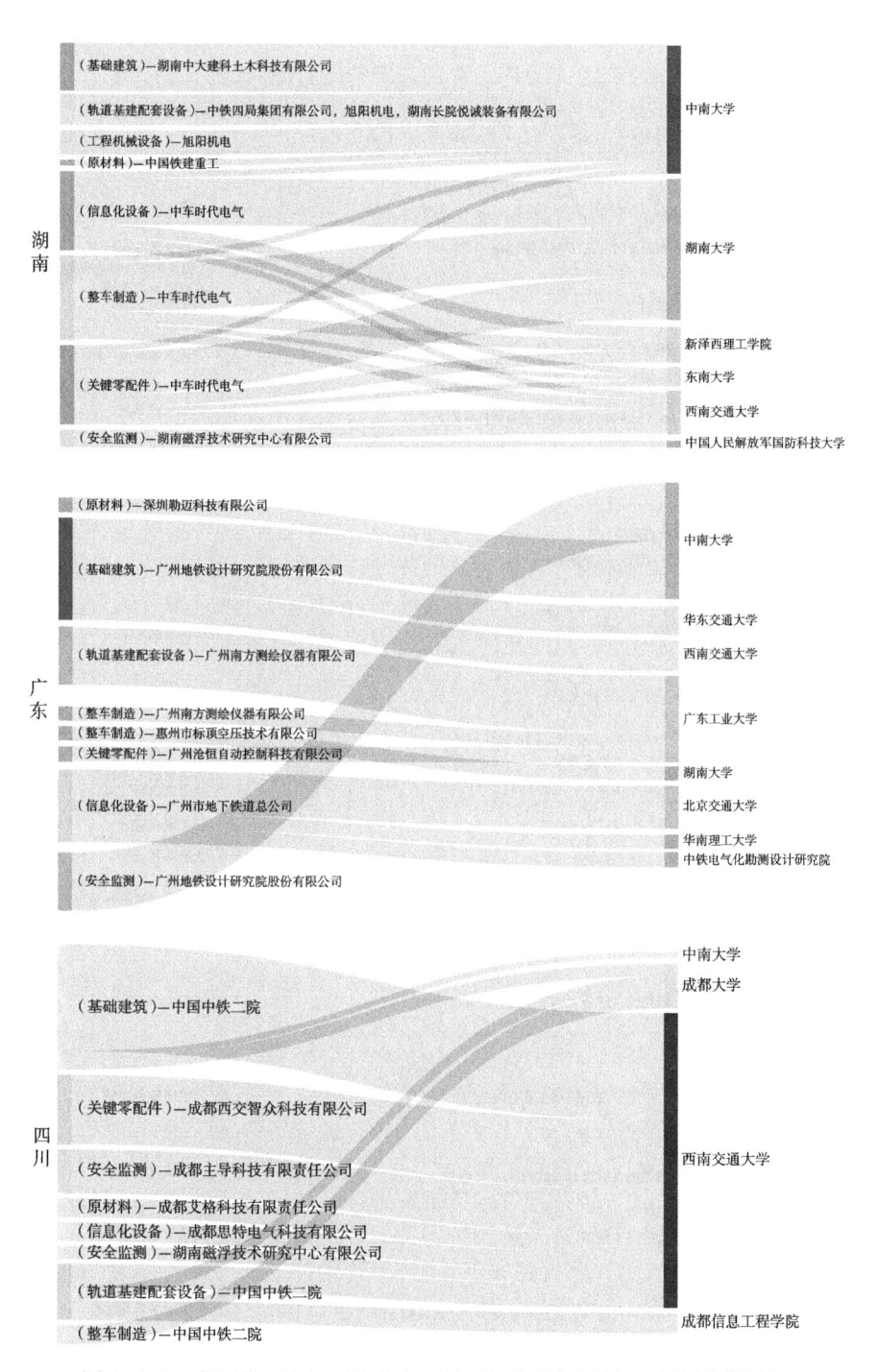

第9章 湖南省轨道交通装备产业定位分析

图9-4-2 主要省份产学研合作专利最多的企业与高校/研究所合作联系

湖南省硬质合金产业和轨道交通装备产业专利导航

省份	技术领域-企业	高校/研究所
山东	（关键零配件）—中车青岛四方	西南交通大学
	（原材料）—中车青岛四方	中南大学
	（基础建筑）—中铁十四局集团隧道工程有限公司	中德轨道交通技术（德累斯顿）联合研发中心
	（整车制造）—中车青岛四方	石家庄铁道大学
		华东交通大学
	（安全监测）—湖南磁浮技术研究中心有限公司	中国人民解放军国防科技大学
	（安全监测）—中车青岛四方	
	（轨道基建配套设备）—山东哈德斯特轨道交通科技有限公司	山东交通学院
		北京交通大学
	（信息化设备）—中车青岛四方	同济大学
山西	（信息化设备）—中车青岛四方	
	（轨道基建配套设备）—中铁三局集团有限公司	
	（基础建筑）—大秦铁路股份有限公司	西南交通大学
	（基础建筑）—中铁十二局集团有限公司	
	（整车制造）—中车太原机车车辆有限公司	中南大学
	（整车制造）—中铁十七局集团第五工程有限公司	西南交通大学青岛轨道交通研究院
	（关键零配件）—太原市同心得科贸有限公司	山西新天地生态环境技术研究院
	（信息化设备）—山西省交通建设工程质量检测中心（有限公司）	太原科技大学
	（安全监测）—大秦铁路股份有限公司太原高铁工务段	山西省交通科学研究院
陕西	（基础建筑）—中铁一局集团有限公司第三工程分公司	中南大学
	（轨道基建配套设备）—中交二公局铁路工程有限公司	石家庄铁道大学
	（关键零配件）—陕西国德电气制造有限公司	天津城建大学
	（信息化设备）—西安爱生技术集团公司	西北工业大学
	（信息化设备）—西安中电科西电科大雷达技术协同创新研究院有限公司	西安电子科技大学

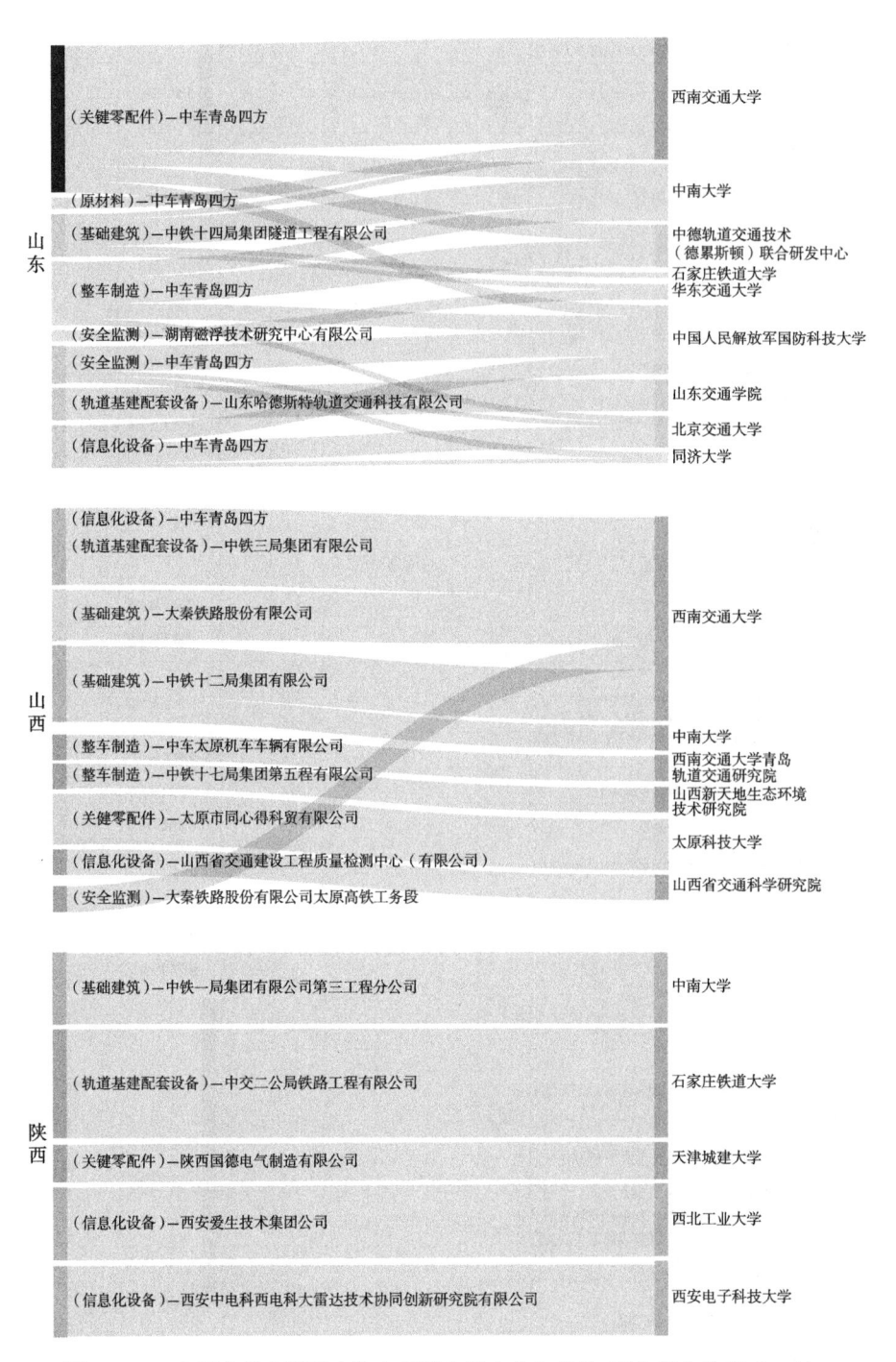

图 9-4-2　主要省份产学研合作专利最多的企业与高校/研究所合作联系（续）

结合图 9-4-2 和表 9-4-2，可以看到，湖南产学研最活跃的企业为中车时代电气，在中游三个技术分支均申请了最多的产学研合作专利，主要涉及的技术为模拟建模、轨道交通通信、高铁牵引网系统控制技术等，其合作的高校/研究所较固定，主要为湖南大学、新泽西理工学院、西南交通大学、中南大学和东南大学。广东产学研合作最活跃的企业为广州地铁设计研究院股份有限公司，在上游基础建筑和下游安全监测均产出了较多的产学研合作专利申请，主要围绕隧道测量、盾构隧道混凝土管片上的冻结孔封孔结构、钢轨变形监测和轨下垫板位移监测等技术进行专利申请，中南大学是其合作较频繁的高校。中国中铁二院在四川属于产学研合作最活跃的企业，其在上游基础建筑和轨道基建配套设备，以及中游整车制造技术分支均拥有最多的产学研合作专利申请量，涉及的专利技术主要为铁路噪声屏蔽、轨道维修车、隧道结构、隧道轨道维护等，其与成都大学合作频繁，在上述三个技术分支均和成都大学进行了合作研发。在山东，中车青岛四方产学研合作最活跃，在上游原材料、中游三个技术分支以及下游安全监测均产出较多的专利申请，主要涉及复合材料与合金的焊接，转向架，轨道车辆的模块设计、冷却、车门密封性和碰撞系统，磁悬浮的安全防护，以及轨道交通通信技术。该公司合作的高校/研究所较多，其中中国人民解放军国防科技大学与其交流频繁。山西和陕西的产学研合作专利申请量较少，企业活跃度相对不突出，山西企业和西南交通大学合作最为频繁，在上游和下游均和其开展了合作研发，涉及的专利技术主要为隧道排水、铁道路桥保护、铁路路基抗震结构等。

从产学研合作的高校/研究所的角度来看，除主要省份当地一些高校外，主要省份的企业和中南大学、西南交通大学交流最频繁，其中中南大学主要与企业在上游技术分支成果产出较多，其次在中游关键零配件和整车制造技术分支产出少量成果；西南交通大学和企业在轨道交通整个产业链均进行了合作专利申请，在上游基础建筑和中游关键零配件技术分支专利产出相对较多。

综上所述：

（1）湖南注重轨道交通装备产业的产学研合作，湖南和山东的产学研合作专利技术结构整体类似，但湖南在上游侧重基础建筑的产学研合作，在中游整车制造和关键零配件相关技术的合作专利申请比重接近。

山东在上游相对侧重基础建筑和轨道基建配套设备，在中游重视关键零配件相关技术。陕西、山西、四川和广东四省侧重上游技术的产学研，并主要集中在基础建筑和轨道基建配套设备技术分支。在中游，山西重视关键零配件相关技术的产学研合作，陕西和广东则更关注信息化设备相关技术。

（2）中南大学、西南交通大学与主要省份企业交流最频繁，其中中南大学在上游技术领域成果产出较多，西南交通大学的产学研合作专利申请涉及整个轨道交通装备产业，在上游基础建筑和中游关键零配件技术领域合作专利申请产出相对较多。

将主要省份每个技术分支下产学研合作最活跃的企业，及其合作最频繁的高校/研究所进行汇总，并梳理当前企业产学研融合的技术方向，整理结果见表9-4-3。

表9-4-3 产学研合作最活跃的企业及产学研融合的技术方向

省份	合作最活跃的企业	合作最频繁的科研院所	涉及的技术分支	涉及的具体技术
湖南	中车株洲电力机车研究所有限公司	湖南大学、新泽西理工学院、西南交通大学、中南大学和东南大学	中游	模拟建模，轨道交通通信、高铁牵引网系统控制技术
广东	广州地铁设计研究院股份有限公司	中南大学	上游：基础建筑；下游：安全监测	隧道测量、盾构隧道混凝土管片上的冻结孔封孔结构、钢轨变形监测和轨下垫板位移监测等
四川	中铁二院工程集团有限责任公司	成都大学	上游：基础建筑和轨道基建配套设备；中游：整车制造	铁路噪声屏蔽、轨道维修车、隧道结构、隧道轨道维护

续表

省份	合作最活跃的企业	合作最频繁的科研院所	涉及的技术分支	涉及的具体技术
山东	中车青岛四方	中国人民解放军国防科技大学	上游原材料，中游三个技术分支以及下游安全监测	复合材料与合金的焊接，转向架，轨道车辆的模块设计、冷却、车门密封性和碰撞系统，磁悬浮的安全防护，以及轨道交通通信技术
山西	—	西南交通大学	上游和下游	隧道排水，铁道路桥保护，铁路路基抗震结构

9.5 小　结

9.5.1 与其他主要省份相比，湖南在产业中游优势较为明显，在产业上、下游也具有突出技术

从整个产业结构来看，湖南相对于其他主要省份在产业中游技术优势较突出，特别是在信息化设备系统技术分支中优势明显；在产业上游的原材料生产与工程机械设备研发与生产这两个技术分支上相对其他省份较强；与其他主要省份相比，湖南省在产业下游也排名靠前。

9.5.2 与其他主要省份相比,湖南保持一定的技术竞争优势

在与其他主要省份技术的输出输入方面,湖南上游以"隧道、平硐或其他地下洞室轨道交通相关的设计、施工、设备及铺轨"相关技术作为优势技术输出。

在中游,各主要省份竞争较为激烈的技术领域在于车体制造上的关键结构件车架、底架相关技术及车体动力相关技术。值得注意的是,湖南将车体制造上的关键结构件车架、底架相关技术作为优势技术对外输出,而在车体动力相关技术方面则以改进其他省份的相关技术为主。

在下游,各项测试、测量装置及其技术,如电性能的测试、铁路车辆外形测量、车辆的测试等技术是湖南与其他主要省份竞争的主要技术领域。湖南在智能化、网联化的道路车辆的交通控制系统及特定环境下的计量设备如以采用光学方法为特征的计量设备方面具有技术优势,是技术输出方,而在测试控制及数据处理技术方面则以改进其他省份的相关技术为主。

9.5.3 湖南综合实力强,以中国铁建重工和中车时代电气为首带动全产业链条

在轨道交通装备企业创新实力方面,全国综合实力最强的是湖南的中国铁建重工和中车时代电气、山东的中车青岛四方。其中湖南的中国铁建重工以及中车时代电气的优势技术,主要体现在以中国铁建重工为首的上游的基础建筑设计与施工技术和工程机械设备研发与生产技术;以中车时代电气为首的中游三大技术以及下游的安全监测与维护技术。可见湖南的龙头企业在上中下游重点技术均占据首屈一指的重要位置。目前,湖南企业的主要竞争对手是山东的中车青岛四方和四川的中国中铁二院。相较这两家龙头企业而言,湖南企业在上游的原材料生产与加工和轨道基建配套

设备生产技术领域的创新实力稍弱。

9.5.4 湖南注重轨道交通装备产业的产学研合作，中南大学与主要省份企业交流最为频繁

对比各主要省份产学研合作，湖南较为重视轨道交通装备产业的产学研合作。湖南和山东的产学研合作专利技术结构整体类似。具体而言，湖南在上游侧重基础建筑的产学研合作，在中游整车制造和关键零配件相关技术的合作专利申请量比重接近。山东在上游相对侧重基础建筑和轨道基建配套设备技术，中游重视关键零配件相关技术。陕西、山西、四川和广东四省侧重上游技术的产学研合作，并主要集中在基础建筑和轨道基建配套设备技术。在中游，山西重视关键零配件相关技术的产学研合作，陕西和广东则更关注信息化设备相关技术。中南大学、西南交通大学与主要省份企业交流最频繁，其中中南大学在上游技术领域成果产出较多，西南交通大学的产学研合作专利涉及整个轨道交通装备产业，在上游基础建筑和中游关键零配件技术领域专利申请产出相对较多。

第 10 章

轨道交通装备产业路径规划建议

10.1 国内轨道交通装备产业整体发展建议

中国和日本在产业上游具有一定的技术和市场控制力。我国在中游低附加值产品占比偏高，在下游应用技术发展较快，产品附加值高。我国的产业下游市场需求也在不断增长，但技术研发处于短板，国内专利申请人在下游安全监测与维护技术分支的专利布局与海外巨头的专利储备量相差较大，需加强专利布局。

从产业中游技术来看，我国虽在中游产业链的专利申请量较大，但主要是基础技术关键零配件研发与制造方向，而目前全球热点技术方向在于高附加值技术领域信息化设备及系统技术等领域，该方向属于各海外企业在中游布局的重中之重，西门子在该方向占据绝对的优势，国内企业在该方向普遍处于弱势。相较国内主要省份而言，湖南在该技术上占优势地位。为加强高附加值技术领域专利布局，建议湖南学习或引进国外技术，可研究西门子在该领域的专利技术，或与其建立合作关系并进行技术引进。

对于专业下游的热点安全监测与维护技术，我国虽有一定程度的专利储备，但相较于全球来说仍属于薄弱板块。目前，在该领域处于领先地位的是德国和日本的龙头企业，如西门子、日立和东芝等。国内相关专利申请人主要来自中国铁建重工和高等院校，湖南的株洲中车、中南大学和株洲中达特科电子科技等企业有一定专利布局，但专利申请量偏少，仍需加强该领域的专利布局。

10.2 湖南省轨道交通装备产业定位与建议

湖南与国内其他主要省份产业专利技术几乎同时起步，专利申请增速明显，目前位居国内专利总量第一位，是中部地带核心，但近年后劲不足，需加大专利技术申请，防范被赶超。

湖南产业结构相比国内其他重要省份，在产业中下游优势突出，部分技术分支如信息化设备及系统技术优势明显。在上游的原材料生产、工程机械设备研发与生产这两个技术分支上相对其他主要省份排名靠前，但是由于总体专利申请量少，优势不明显。

湖南相较于全国其他主要省份，整体技术改进创新能力较强，技术原创力一般。而在某些技术分支上如上游的设备机构，中游的整车制造方面技术分支的关键结构件车架、底架相关技术，和下游的智能化、网联化道路车辆的交通控制系统及特定环境下的计量设备等方面，有较强的技术原创力及领先优势。

在行业企业创新实力上，全国综合实力最强的三家企业中湖南占据两席，分别是中国铁建重工和中车时代电气。这两家龙头企业在上中下游重点技术方面均占据重要位置。例如，以中国铁建重工为首的上游的基础建筑设计与施工技术以及工程机械设备研发与生产技术，以中车时代电气为首的中游三大技术以及下游的安全监测与维护技术。湖南的主要竞争对手是山东的中车青岛四方以及四川的中铁二院。相较这两家龙头企业，湖南企业在上游的原材料生产与加工技术领域以及轨道基建配套设备生产技术领域的创新实力稍弱，可以在综合评估后加大专利布局力度。

在主要省份产学研专利合作上，湖南注重轨道交通装备产业的产学研合作，侧重在薄弱的产业上游的基础建筑等技术、重点的产业中游的整车制造和关键零配件相关技术等，其中中南大学与各省企业交流最频繁，且技术偏重于上游技术分支，成果产出较多。而与之相较，西南交通大学的产学研专利申请涉及整个轨道交通产业，部分技术梳理后可用于参考借鉴。

10.3 湖南省轨道交通装备产业技术分支创新发展建议

我国轨道交通装备企业在海外布局专利涉及的技术，主要是针对海外市场的产品，也是国际竞争的热点。建议在打开海外市场的同时，要重视规避风险，了解高风险企业及技术雷点。我国在海外布局的重点专利申请技术分布在转向架的结构部件、车体结构部件及运务中心控制系统；近几年较为活跃的热点技术有车辆或列车之间的控制技术、各部件的配置或排列以及加热冷却等空气调节设备。通过对重点技术和热点技术进一步分析，发现有2%的专利发生过诉讼，其中有近半的专利来自报警或类似的安全装置、车辆或列车之间的控制技术，其次来自各部件的配置或排列相关技术。诉讼申请人主要来自国外在该领域的巨头，包括德国西门子、日本三菱、日本信号和日本东芝，以及美国西屋制动、加拿大庞巴迪、法国阿尔斯通。

对于以上提出的专利诉讼高风险企业及高风险技术，建议在下一步的重点工作中进行统一梳理，采取规避措施，防范风险。

另外，从市场技术构成来看，我国在产业链各环节存在一定的关键核心技术。国外巨头在我国重点布局了产业中游及下游相关技术，这些技术具有更多机会形成对我国关键技术的垄断，比如，中游的整车或车体部件、铁路维护及检测系统，和上游的材料加工工艺及方法等。

附录
申请人归一化清单和简称对照表

申请人简称	申请人全称
三菱	三菱集团 三菱综合材料股份有限公司 三菱化学株式会社 Mitsubishi Chemical Group Mitsubishi Materials Corporation 三菱电机株式会社 Mitsubishi electric Corporation
山特维克	山特维克集团 山特维克知识产权股份有限公司 Sandvik Coromant
肯纳金属	肯纳金属公司 Kennametal Inc
住友	住友集团 住友金属工业株式会社 住友电气工业株式会社 住友化学株式会社 住友金属矿山株式会社 Sumitomo Electric Industries, Ltd. Sumitomo Chemical Co., Ltd. Sumitomo Metal Mining Co., Ltd. Sumitomo Metal Industries, Ltd.

续表

申请人简称	申请人全称
日立	株式会社日立製作所 日立金属株式会社 Hitachi, Ltd
森拉天时	森拉天时集团 森拉天时中国有限公司 森拉天时精密刀具（上海）有限公司 森拉天时硬质合金（廊坊）有限公司 CERATIZIT Group
元素六公司	Element Six
应用材料股份有限公司	Applied Materials, Inc.
松下知识产权经营株式会社	Panasonic Intellectual Property Management Co., Ltd.
泰珂洛公司	Tungaloy Corporation
株硬	株洲硬质合金集团有限公司
株钻	株洲钻石切削刀具股份有限公司
自贡硬质合金	自贡硬质合金有限责任公司
河源富马	河源富马硬质合金股份有限公司
西门子	西门子股份公司 SIEMENS AG
普拉塞陶依尔	奥地利普拉塞陶依尔公司 Plasser & Theurer
东芝	株式会社东芝 TOSHIBA CORPORATION
日本信号	日本信号株式会社 NIPPON SIGNAL CO., LTD.
西屋制动	西屋制动公司 Westinghouse Air Brake Technologies Wabtec
庞巴迪	庞巴迪公司 Bombardier Inc.

续表

申请人简称	申请人全称
阿尔斯通	阿尔斯通公司 Alstom
中车时代电气	中车株洲电力机车有限公司
中车株机公司	中车株洲电机有限公司
中国中车	中国中车集团有限公司
比亚迪	比亚迪集团
株洲联诚	株洲联诚集团控股股份有限公司
株洲天桥起重	株洲天桥起重机股份有限公司
湘潭恒欣实业	湘潭恒欣实业股份有限公司
中国铁建重工	中国铁建重工集团股份有限公司
中铁第四勘察设计院	中铁第四勘察设计院集团有限公司
中铁二院	中铁二院工程集团有限责任公司
中车青岛四方	中车青岛四方机车车辆股份有限公司
中达特科	株洲中达特科电子科技有限公司
新筑路桥	新筑路桥机械股份有限公司
株洲旭阳机电	株洲旭阳机电科技开发有限公司
宝鸡中车时代	宝鸡中车时代工程机械有限公司
中车眉山	中车眉山车辆有限公司
中车资阳	中车资阳机车有限公司
株洲时代新材	株洲时代新材料科技股份有限公司
株洲变流技术	株洲变流技术国家工程研究中心有限公司
中唐空铁	中唐空铁集团有限公司
中国铁建	中国铁建股份有限公司
中国中铁	中国中铁股份有限公司
中铁工业	中铁高新工业股份有限公司
鼎汉技术	北京鼎汉技术集团股份有限公司